經營顧問叢書 ㉓

品牌成功關鍵步驟

章威鵬　編著

憲業企管顧問有限公司　　發行

《品牌成功關鍵步驟》

序　言

日本前首相中曾根康弘在強調品牌的重要性，有一句名言：「在國際經貿交往中，索尼是我的左臉，豐田是我的右臉。」

誠哉斯言！只有品牌才是進軍貿易強國的真正敲門磚。

品牌決勝未來，這已成爲企業界和理論界的共識，只有品牌才具有支撐力，只有品牌才會給企業帶來財富。品牌，是企業的無形資產，它一旦樹立，即具有巨大的市場影響力，它釋放的能量會是當初投入的數十倍，甚至更多。

有一些餐館每天吃飯時排隊等候，但是，顧客仍願意去等候。這說明消費者一旦形成品牌偏好，再繼續購買該品牌時，就會認爲他們購買了同類較好的商品，從而獲得一種滿足。再者他們已經瞭解了購買該品牌所能帶來的好處或利益，他們也樂意繼續購買，而且認爲購買是值得的。

普通的家用電器貼上 SONY 的商標，就身價倍增；普通鞋打上 NIKE 商標，價格立刻飆升這就是品牌的魅力！HP、肯德基、可口可樂等這些優秀的公司成功地實現了這一目標，品牌爲他們帶來了滾滾不斷的財源。

耐克(Nike)公司創始人菲爾·耐特一開始只是從日本向美國進口價格低廉的運動鞋，與當時的體育用品霸主阿迪達斯根本無法相提並論。在耐克公司成立並默默存在了幾年後的 1984 年，耐克公司和阿迪達斯幾乎同時擁有了一項將氣墊放入運動鞋內以減輕重量的技術，並且雙方幾乎是在同一時間將這種氣墊鞋推向市場，然而出乎人們意料之外的是，這件事竟成了耐克品牌崛起的轉捩點。

耐克公司在推出這種氣墊鞋時，進行了廣告定位聚焦，定位於「飛人」喬丹。耐克公司與歷史上最偉大的籃球運動員喬丹簽訂了一份為期 5 年的合約，邀請喬丹作為其品牌代言人，創造性地把喬丹與耐克氣墊鞋結合在一起，使喬丹成為耐克公司市場戰略和整個運動鞋、運動服的核心，不但以此大大提升了耐克的品牌魔力，也為耐克公司創造了展示其新技術的最佳途徑。

與此同時，耐克公司在廣告傳播通路上，聚焦於強勢媒體，廣告傳播更是重視效果而不是數量，增加廣告投入，將品牌推到公眾面前。邁克爾·喬丹既是耐克公司進行廣告聚焦的工具，也是耐克新的符號標識。

一系列的廣告聚焦不僅使耐克公司的氣墊鞋系列產品脫銷，而且帶動了耐克公司其他運動系列產品銷售量的大幅度增長。1984 年耐克公司推出氣墊鞋時，耐克公司的銷售額還不到 100 萬美元，此後便是一路飆升，到 1987 年時銷售額已接近 2000 萬美元。相比之下，阿迪達斯產品的銷售額並無實質性的突破。至此之後，耐克這一原本普普通通的體育用品品牌便躋身於世界知名品牌之列，產品銷售量超過阿迪達斯和銳步這兩個老牌體育用品知名品牌，確立了其全球體育用品第一的地位。

然而未必所有人都知道樹立品牌應該從何著手。今天的品牌內涵彰顯的是自信，明天成高貴，可能後天又變成了執著，什麼流行就來什麼。其實這是對品牌戰略的誤解和濫用。品牌戰略的要義就在於讓品牌核心價值充分發揮光環效應，在滾雪球運動中不斷累積品牌資產。就目前的市場而言，少有甚至在某些行業根本沒有具有絕對競爭優勢的大品牌，強勢品牌的缺位正是企業缺少品牌戰略管理，缺乏清晰而明確的品牌核心價值的症狀表像。

既然如此，那麼品牌是如何建立的？在建立時，應注意什麼呢？有沒有快速建立品牌的訣竅呢？……基於以上問題本書給予了明確回答。本書從品牌戰略規劃著手，一步一步予以闡述。在每一步的闡述中，以深入淺出的語言，並配以案例，使得建立品牌問題得以詳盡地說明。

《品牌成功關鍵步驟》

目　錄

第一步　品牌的戰略規劃 / 9

1、解決品牌的根本問題……9
2、多品牌戰略……12
3、單一品牌戰略……15
4、一牌多品戰略……17
5、一牌一品戰略……19
6、副品牌戰略……20
7、品牌聯合戰略……23
8、品牌虛擬經營戰略……25
◎品牌案例：近乎完美的品牌名稱……27

第二步　設定品牌的核心價值 / 30

1、核心價值——品牌的靈魂 30
2、品牌核心價值的 3 大主題 33
3、維護品牌核心價值 37
4、如何締造自己的核心價值 41
◎品牌案例：金利來，男人的世界 46

第三步　品牌要定位 / 48

1、品牌定位的概念和意義 48
2、品牌定位的原則與標準 55
3、品牌定位的過程 60
4、品牌定位策略 66
◎品牌案例：勞力士彰顯王者之氣 75

第四步　創建品牌個性 / 78

1、品牌個性的認知偏失 78
2、創建品牌個性的要點 80
3、如何塑造品牌個性 83
4、品牌個性與人物聯想 86
5、塑造品牌個性的 10 種方法 91
◎品牌案例：新力獨特創造神奇 94

第五步　塑造品牌形象 / 97

1、品牌形象的認識偏失……97
2、品牌形象塑造的途徑……100
3、價格遊戲有損品牌形象……103
4、品牌形象更新策略……105
◎品牌案例：米其林輪胎人的迷人微笑……110

第六步　品牌認知與品牌聯想 / 112

1、品牌認知……112
2、品牌聯想……118
◎品牌案例：品牌認知的故事……125

第七步　建立鮮明的品牌識別特徵 / 127

1、構建個性鮮明的品牌識別系統……127
2、品牌標誌設計的法則……130
3、品牌標誌的設計方法……134
4、品牌標準字體設計……136
5、品牌標誌字強調個性形象與整體風格……139
6、標誌中色彩的運用……141
◎品牌案例：Zippo，簡單就好……144

第八步　品牌整合傳播 / 146

1、正本清源，還原本來面目……146
2、以消費者為導向的品牌傳播……150

3、持續而統一的品牌傳播……154
4、品牌傳播的 7 種創意模式……157
5、品牌整合傳播組合……161
6、廣告是塑造品牌最有效的捷徑……170
7、贊助活動有助傳遞品牌價值……175
8、感動——品牌溝通的關鍵……186
◎品牌案例：百事可樂改變定位搶市場……191

第九步　培育品牌忠誠度 / 193
1、提高品牌忠誠度的策略……193
2、用親和力培養品牌忠誠度……198
3、品牌形象策略……201
◎品牌案例：永遠年輕的芭比公主……206

第十步　品牌如何延伸 / 208
1、品牌延伸的概念與作用……208
2、品牌延伸的準則與步驟……213
3、品牌延伸策略……219
4、品牌延伸——單一化品牌戰略……228
5、多品牌戰略……235
◎品牌案例：品牌擴張的迪士尼擴張歷程……244

第十一步　對品牌加以保護 / 247

1、怎樣保護品牌……247
2、維護註冊商標的權益……252
3、品牌的經營保護策略……257
4、品牌的自我保護……262
5、網路功能變數名稱的保護策略……265
◎品牌案例：最擅長講故事的哈利·波特……267

第十二步　品牌的危機管理 / 270

1、品牌危機管理概要……270
2、品牌危機的防範……277
3、品牌危機的處理……282
◎品牌案例：炸出來的肯德基……288

第十三步　品牌如何國際化 / 290

1、文化對品牌國際化的影響……290
2、品牌國際化的 3 種路徑……292
3、如何進行品牌國際化……295
4、本土化是最有效的方法……298
5、品牌國際化的要點……300
◎品牌案例：跑遍全球的米其林輪胎……304

第一步

品牌的戰略規劃

1

解決品牌的根本問題

品牌戰略規劃的目的在於為品牌建設設立目標、方向與指導原則，為日常的品牌建設活動制定行為規範。它要解決的是品牌經營中的根本問題，不能將之等同於行銷推廣、廣告傳播。

品牌戰略形形色色，但一個企業的「良藥」卻有可能是另一個企業的「毒藥」，選擇品牌戰略還須視企業和產品特性的不同而行。

品牌戰略規劃至少包括以下與品牌的屬性、結構、內容、範圍、管理機制與願景相對應的六個方面，即品牌化決策、品牌模式選擇、品牌識別界定、品牌延伸規劃、品牌管理規劃與品牌願景設立。它是綱領性的、指導性的，也是競爭性和系統化的，它不是具體的戰術性執行方案，更不是簡單一句品牌口號與一個品牌目標。

其中品牌化的決策環節，解決的是品牌的屬性問題，是選擇製造商品牌還是經銷商品牌？是塑造企業品牌還是產品品牌？是自創品牌還是外購或加盟品牌？在品牌創立之前解決好這個問題，實際上就決定了品牌經營的不同策略，預示著品牌不同的道路與命運，或如「宜家」(IKER)產供銷一體化，或學「耐克」(NIKE)虛擬經營，或走「沃爾瑪」(Wal－Mart)的商家品牌路線，或步「麥當勞」(McDonald’s)的特許加盟之旅。總之，不同類別的品牌，在不同行業與企業所處的不同階段有其特定的適應性。日本最大的零售商大榮連鎖集團約 40%的商品是自有品牌。被稱爲「沒有工廠的製造商」的英國馬獅百貨公司，所有商品只用一個「聖米高」品牌，成爲英國盈利最高的零售商業集團。

品牌模式的選擇，解決的則是品牌的結構問題。是選擇綜合性的單一品牌還是多元化的多品牌？是聯合品牌還是主副品牌？是背書品牌還是擔保品牌？品牌模式雖無所謂好與壞，但卻有一定的行業適用性與時間性，尤其對資源與管理能力有相當的要求。一個清晰、協調且科學的品牌結構，對於整合有限的資源，減少內耗，提高效能，加速累積品牌資產無疑是至關重要的。如日本豐田汽車在進入美國的高檔轎車市場時，就沒有繼續使用「TOYOTA」，而是另立一個完全嶄新的獨立品牌「凌志」(LEXUS)，甚至不以「豐田」爲其作擔保與背書，淩志並不公開把自己的名字與豐田公司聯繫在一起，它對消費者說的是，它有自己獨立的定位，而這種聲明要比消費者是否瞭解那種聯繫更重要。以儘量避免「TOYOTA」會給「淩志」帶來低檔化印象，以至於成就了一個可以與「寶馬」、「賓士」、「保時捷」、「凱迪拉克」相媲美的高檔轎車品牌，曾一度佔據了美國高檔轎車市場。

品牌識別界定確立的是品牌的內涵，也就是企業經營者所希望爲消費者所認同的品牌形象。它是整個品牌戰略規劃的重心。它從品牌的理念識別、行爲識別與符號識別等三方面規範了品牌的思想、行爲、外表等內涵，其中包括以品牌的核心價值爲中心的核心識別和以品牌承諾、品牌個性等元素組成的基本識別；還規範了品牌在企業、企業家、員工、代言人與產品、推廣、傳播等層面上的「爲與不爲」的行爲準則；同時爲品牌在視覺、聽覺、觸覺等方面的表現確立基本標準。

而品牌延伸規劃則是對品牌未來發展所適宜的事業領域範圍的清晰界定，明確了未來品牌適合在那些領域、行業發展與延伸，在降低延伸風險、規避品牌稀釋的前提下，以謀求品牌價值的最大化；品牌管理規劃則是從組織機構與管理機制上爲品牌建設保駕護航；最後在上述規劃的基礎上，爲品牌的發展設立願景，並明確品牌發展的各階段的目標與衡量指標。

可以說，品牌化決策、品牌模式選擇、品牌識別界定、品牌延伸規劃、品牌管理規劃與品牌願景設立之間既彼此獨立又相互影響，品牌戰略規劃是一個完整的體系，密不可分。

2
多品牌戰略

一個企業同時經營兩個以上相互獨立、彼此沒有聯繫的品牌的情形，就是多品牌戰略。

在全球實施多品牌戰略最成功的企業當數寶潔公司，它旗下的獨立大品牌多達八十多種，這些品牌與寶潔及品牌彼此之間都沒有太多的聯繫。它的許多產品大都是一種產品多個牌子。以洗衣粉爲例，他們推出的牌子就有汰漬、洗好、奥克多、波特、時代等近十種品牌。

1.尋找差異

寶潔公司經營的多種品牌策略不是把一種產品簡單地貼上幾種商標，而是追求同類產品不同品牌之間的差異，包括功能、包裝、宣傳等諸方面，從而形成每個品牌的鮮明個性，這樣，每個品牌都有自己的發展空間，市場就不會重疊。以洗衣粉爲例，寶潔公司設計了九種品牌的洗衣粉，汰漬(Tide)、洗好(Cheer)、格尼(Gain)、達詩(Dash)、波特(Bold)、卓夫特(Dreft)、象牙雪(Ivory Snow)、奥克多(Oxydol)和時代(Eea)。他們認爲，不同的顧客希望從產品中獲得不同的利益組合。有些人認爲洗滌和漂洗能力最重要；有些人認爲使織物柔軟最重要；還有人希望洗衣粉具有氣味芬芳、鹼性溫和的特徵。於是就利用洗衣粉的九個細分市場，設計了九種不同的品牌。

寶潔公司不但從功能、價格上加以區別，還從心理上加以劃分，賦予不同的品牌個性。通過這種多品牌策略，寶潔已佔領了美國更多的洗滌劑市場，目前市場佔有率已達到 55%，這是單個品牌所無法達到的。

2.製造「賣點」

如果從行銷組合的角度看，寶潔公司的多品牌策略是找準了「賣點」。賣點也稱「獨特的銷售主張」，其核心內容是：廣告要根據產品的特點向消費者提出獨一無二的說辭，並讓消費者相信這一特點是別人沒有的，或是別人沒有說過的，且這些特點能爲消費者帶來實實在在的利益。在這一點上寶潔公司更是發揮得淋漓盡致。以寶潔推出的洗髮精爲例，「海飛絲」的個性在於去頭屑，「潘婷」的個性在於對頭髮的營養保健，而「飄柔」的個性則是使頭髮光滑柔順。從這裏可以看出，寶潔公司多品牌策略的成功之處，一是善於在一般人認爲沒有縫隙的產品市場上尋找到差異，生產出個性鮮明的商品，二是能成功地運用行銷組合的理論，成功地將這種差異推銷給消費者，並取得他們的認同，進而心甘情願地爲之掏腰包。

3.能攻易守

一種品牌樹立之後，容易在消費者當中形成固定的印象，從而產生顧客的心理定勢，不利於產品的延伸。以美國 Scott 公司爲例，該公司生產的舒潔牌衛生紙原本是美國衛生紙市場的佼佼者，但隨著舒潔牌餐巾、舒潔牌面巾、舒潔牌紙尿布的問世，使 Scott 公司在顧客心目中的心理定勢發生了混亂——「舒潔該用在那兒？」一位行銷專家曾幽默地問：舒潔餐巾與舒潔衛生紙，究竟那個品牌是爲鼻子設計的？結果，舒潔衛生紙的頭把交椅很快被寶潔公司的 CHARMIN 衛生紙所取代。

可見，寶潔公司正是從競爭對手的失敗中吸取了教訓，用一品多牌的策略順利克服了顧客的「心理定勢」這一障礙，從而在人們心目中樹立起寶潔公司不僅是一個生產象牙牌香皂的公司，還是生產婦女用品、兒童用品，以至於藥品、食品的廠家。

從防禦的角度看，寶潔公司這種多品牌策略是打擊對手、保護自己的銳利武器。

從顧客方面講，寶潔公司利用多品牌策略頻頻出擊，使公司在顧客心目中樹立起實力雄厚的形象；利用一品多牌從功能、價格、包裝等各方面劃分出多個市場，能滿足不同層次、不同需要的各類顧客的需求，從而培養消費者對本企業的品牌偏好，提高其忠誠度。

對競爭對手來講，寶潔公司的多品牌策略，尤其是像洗衣粉、洗髮水這種「一品多牌」的市場，寶潔公司的產品擺滿了貨架，就等於從銷售管道減少了對手進攻的可能。從功能、價格諸方面對市場的細分，更是令競爭者難以插足。這種高進入障礙無疑在很大程度上提高了對方的進攻成本，對自己來說就是一塊抵禦對手的盾牌。

綜上所述，要吃到多品牌策略這個餡餅，還需要在經營實踐中趨利除弊。

一是經營多種品牌的企業要有相應的實力，因爲品牌的延伸絕非朝夕能夠完成。

二是在具體操作中，一定要通過縝密的調查，尋找到產品的差異。有差異的產品品牌才能達到廣泛覆蓋產品的各個細分市場、爭取最大市場佔有率的目的。

三是要根據企業所處行業的具體情況，如寶潔公司所處的日用消費品行業，運用多品牌策略就易於成功。而一些生產資料的生產廠家則沒有必要選擇這種策略。

3

單一品牌戰略

單一品牌戰略是相對於多品牌戰略而言的，單一品牌戰略就是所有的目標都承載於一個品牌之上，把所有的資源都聚焦於特定的品牌之上的戰略類型。單一品牌戰略最典型的特徵就是所有的產品都共用一個品牌名稱、一種核心定位、一套基本品牌識別，如飛利浦(Philp)在小家電、家用電器、工業電器和IT 上，佳能(Canon)在影像設備和辦公設備上等，就是採取了這種類型的品牌戰略。

這種品牌戰略最大的好處就在於能夠「集中優勢兵力打殲滅戰」，把所有的品牌資產都集中於一個品牌之上，能夠減少企業管理的壓力，能夠壯大企業的聲勢與實力感，能夠提高新產品的成功率，能夠減少顧客的認知不協調，能夠促進規模經濟或降低推廣費用等等。然而這種品牌戰略也並非「放之天下而皆準」，它適用於各產品或業務單元之間能產生協同效應而不適合於那些毫無關聯的領域，如三菱在汽車上使用「三菱」，在銀行上也使用「三菱」就絕非長策；另外，如果無法共用核心定位和基本品牌識別也不適合於此種戰略類型，如中國的 999 集團根本無法在藥品和啤酒達成定位和基本識別的一致，所以必然導致失敗；最後如果不同類型的顧客都擁有某種相似的購買評價因素(如品質等)也適合於此種戰略類型，如優衣庫的單一品牌戰略不僅吸引時尚少年、辦公白領，也吸引著高收入者。

美國吉列公司是單一品牌戰略的傑出代表，無論是在手動剃具、電動剃具還是傳感剃具，吉列都採取了嚴整的單一化品牌戰略，甚至連女性刮毛刀也不例外。儘管面臨著包括 PHILP 在內的強大競爭，這種品牌資產高度集中的戰略使得在任何一個職能單項上吉列能把對手遠遠拋於身後，比如其研發費用高達 2.3%，足以另任何對手瞠目結舌，在廣告的支出上同樣能達到令對手黯然失色的地步。正是在單一化品牌戰略的幫助下，吉列達到了在美國市場、歐洲市場、拉美市場佔有率分爲 68%、73%和 91%的驚人程度。

固然，單一品牌有其獨到性，但是，單一品牌戰略的一個問題是：其中一個產品出現問題，就有可能出現連鎖反應，導致對其他產品的影響。

4

一牌多品戰略

一牌多品即多種產品使用同一個品牌的情形。它可分為兩種情況：一種是企業有多個品牌，每一品牌下有多種產品，眾多的品牌及產品組成一個龐大的品牌家族；另一種是企業只有一個品牌，而在這一品牌下有多種產品。採用這種戰略，企業的多種產品或全部產品共用一個品牌，比較通行的做法是進行品牌延伸，把已有的成功品牌用到新的產品上。

雨潤企業屬於第一種情況，其旗下有雨潤、旺潤、雪潤、福潤四個品牌。其中雨潤品牌下又有脆皮牛肉腸、澳洲烤肉、臘肉、牛肉方腿等產品；旺潤的品牌下有魚肉火腿腸、雞肉火腿腸等產品；雪潤的品牌下有水餃、漢堡、湯圓等產品；福潤的品牌下有回鹵幹、梅菜扣肉等產品。

海王公司屬於第二種情況，只有「海王」一個品牌，且旗下三十多種產品都使用這一品牌，比如海王金樽、海王銀杏葉片、海王博甯、海王冠心丹參、海王金牡蠣等等。

採用「一牌多品」戰略比較通行的做法是進行品牌延伸，把已有的成功品牌用到新的產品上，其最大的好處便是新產品能享用成功品牌知名度和美譽度，從而以較低的行銷成本，「搭便車」銷售。

品牌延伸對新產品的帶動力是有局限的，只是在下列情況下才會對新產品具有較強的市場促銷力：

- 新產品與原有產品有較高關聯度；
- 新產品的市場競爭不太激烈；
- 新產品的主要競爭品牌並非專業品牌。

隱藏的危險是，如果某一產品出現危機，將影響旗下所有產品，出現危機的產品影響力越大，危險也越大。

採用「一牌多品」戰略，若品牌旗下產品眾多，特別是產品之間關聯度較低、差異性較大時，不同產品對外傳播的廣告信息千差萬別，會導致品牌所蘊含的信息十分繁雜混亂，難以在消費者大腦中形成恒定的印象，而品牌攻心的最高境界是形成品牌與產品特點、個性、定位之間的對應關係，乃至「品牌＝產品」的對應概念，如「施樂就是影印機，影印機便是施樂」，「一牌多品」的戰略是不可能做到這一點的。採用「一牌多品」戰略往往會形成品牌旗下的產品都能賣一點，但每種產品都不在市場上居領先地位的局面。

5

一牌一品戰略

一牌一品戰略是指一個品牌下只有一種產品的情形。一般來說，它有兩種情形：多品牌戰略下，每一品牌只有一種產品；單一品牌戰略下，每一品牌下只有一種產品。前者如松下公司，其音像製品以 Panasonic 爲品牌，家用電器產品以 National 爲品牌，立體音響則以 Technics 爲品牌。

實施一牌一品戰略的最大好處是有利於樹立產品的專業化形象。由於廣告宣傳時對外傳播的信息都是有關這一產品的，具有高度的統一性，久而久之便能在消費者的大腦中建立起品牌與產品特點、個性、形象之間的對應關係。如人們一提起格力冷氣，大腦馬上能反應出「好冷氣機，格力造」的信息。這句簡單明瞭的廣告口號，在消費者心目中樹立起格力冷氣機第一品牌的概念。在眾多競爭對手競相多元化經營的浪潮下，格力反其道而行之，將所有的雞蛋放進一個籃子裏，形成自己無人匹敵的技術壁壘，格力標準儼然已成行業標準，格力的專業化路線已越來越得到市場認同。這就是品牌在消費者心智中牢牢佔位的體現。在消費者心智中牢牢佔位意味著品牌將擁有極高的忠誠度和指名購買率。

可見，企業在採用「一牌一品」戰略時，只要把這種戰略的優勢發揮出來，經過行銷努力，便有望成爲行業翹楚。但企業發展新產品若不採用企業已有的成功品牌也有很大的難處，一方面新產品無法得到成功品牌的蔭蔽；另一方面，在市場競爭異常激烈的今天，發展一個新品牌不僅投入大、週期長而且成功率很低，是高風險的行銷行爲，只有財力雄厚且推廣品牌的經驗十分豐富的企業才可以選擇「一牌一品」戰略。

6

副品牌戰略

採用副品牌策略的具體做法便是以一個主品牌涵蓋企業的系列產品，同時給各產品打一個副品牌，以副品牌來突出產品的個性形象。美的是國內副品牌戰略運用最爲成功的企業之一。

美的冷氣機的產品類別有一百多款，這麼多產品怎樣讓消費者記住？消費者的記憶點怎麼解決？副品牌戰略是良好的解決之道。美的利用「星座」來命名產品，一來可以同明星聯繫起來，不致使原有品牌資產流失；二來「星」代表宇宙、科技；三來「星」是冷色調，代表夜晚、安靜、涼爽。於是一系列副品牌如「冷靜星」、「超靜星」、「智靈星」、「健康星」等呼之而出。

那麼如何運用這種策略呢？

1.廣告宣傳的重心是主品牌，副品牌處於從屬地位

相應地，廣告受眾識別、記憶及產生品牌認可、信賴和忠誠的主體也是主品牌。這是由企業必須最大限度地利用已有成功品牌的形象資源所決定的，否則就相當於推出一個全新的品牌，成本高，難度大。

2.主副品牌間的關係不同於企業品牌與產品品牌間的關係

這主要由品牌是否直接用於產品及其認知、識別主體所決定的。

「通用」與「凱迪拉克」、「雪佛萊」則屬於企業品牌與產品品牌之間的關係，因爲一般消費者對凱迪拉克認知崇尚主要是通過「凱迪拉克是美國總統座車」、「極盡豪華」、「平穩舒適如安坐在家中」等信息而建立的。「通用」這一形象在促進人們對凱迪拉克的崇尚讚譽方面所能起的作用是很有限的。

3.副品牌一般都直觀、形象地表達產品優點和個性形象

「松下－畫王」彩電的主要優點是顯像管採用先進技術、畫面逼真自然、色彩鮮豔，副品牌「畫王」傳神地表達了產品的這些優勢。

長虹進行品牌戰略策劃時，給冷氣機取的「雨後森林」、「綠仙子」、「花仙子」等副品牌栩栩如生地把長虹冷氣機領先的空氣淨化功能表現出來。

紅心電熨斗在全國的市場佔有率超過 50%，紅心是電熨斗的代名詞，新產品電鍋以「紅心」爲主品牌並採用「小廚娘」爲副品牌。在市場推廣中，既有效地發揮了紅心作爲優秀小家電品牌對電鍋銷售的促進作用，又避免了消費者心智中早已形成的「紅心＝電熨斗」這一理念所帶來的行銷障礙。因爲「小廚娘」不僅與電鍋等廚房用品的個性形象十分吻合，而且洋溢著溫馨感，具有很強的親和力。

4.副品牌具有口語化、通俗化的特點

副品牌採用口語化、通俗化的辭彙，不僅能起到生動形象地表達產品特點的作用，而且傳播快捷廣泛，易於較快地打響副品牌。「畫王」、「小廚娘」、「海爾－帥王子」等均具有這一特點。

5.副品牌較主品牌內涵豐富，適用面窄

副品牌由於要直接表現產品特點，與某一具體產品相對應，大多選擇內涵豐富的辭彙，因此適用面要比主品牌窄。主品牌的內涵一般較單一，有的甚至根本沒有意義，用於多種家電都不會有認知和聯想上的障礙。副品牌則不同，「小廚娘」用於電鍋等廚房用品十分貼切，能產生很強的市場促銷力，但用於電動刮胡刀、電腦則會力不從心。因爲「小廚娘」本身豐富的內涵引發的聯想會阻礙消費者認同接受這些產品。同樣「小海風」用作冷氣機、電風扇的副品牌能較好地促進銷售，若用於微波爐、VCD 則很難起到促銷的作用。

6.副品牌一般不額外增加廣告預算

採用副品牌後，廣告宣傳的重心仍是主品牌，副品牌從不單獨對外宣傳，都是依附於主品牌聯合進行廣告活動。這樣，一方面能盡享主品牌的影響力；另一方面，副品牌識別性強、傳播面廣且張揚了產品個性形象。

近幾年，越來越多的國際著名企業用副品牌來推廣富有特色、科技領先的新產品，如「松下－畫王」、「新力－特麗瓏」、「飛利浦－視霸」等，國內企業也開始學會選用副品牌這一行銷利器且取得了不錯的行銷業績，尤其是海爾集團在運用副品牌策略時更是得心應手。單用海爾一個品牌只能表達其家電產品的共性，而每種產品的個性難以有效地向消費者傳播。因此海爾集團運用起副品牌策略，如外形俊朗，功能先進的冰箱叫「帥王子」；用「帥英才」來表達冷氣機產品智慧變頻控制、技術超前的特點；0.5kg 的小洗衣機叫「小小神童」、「即時洗」惟妙惟肖地體現了產品的魅力。

7
品牌聯合戰略

近年來，品牌聯合戰略有上升的趨勢，它是指兩個或更多品牌相互聯合，相互借勢，以實現 1+1>2 的做法。

固特異公司(Goodyear)稱，它生產的車胎是奧迪(Audi)和梅賽德斯・賓士(Mercedes－Benz)車推薦使用的部件。柯尼卡(Konica)的廣告也強調，像美國航空公司(USAIR)和肯特證券(Kemper Securities)這種公司都使用柯尼卡影印機設備。

在這種聯盟中，整體要大於個體。因此，聯合促銷就意味著該聯盟中品牌的一方或雙方試圖取得對方公司的承諾，以改善在市場中的地位。這類活動中，有時是把兩種有形產品結合在一起，如：IBM 電腦和英代爾(Intel)機芯；有時則是宣傳兩種產品互為補充，彼此可以獨立使用，如朗姆酒和可口可樂(Coca－Cola)。

1.品牌聯合的益處

通過聯合品牌來宣傳產品的品質，事實上會大大增加銷量。因為品牌聯合可以實現互補，以實現品牌品質的提升。而顧客對品質的要求主要出自兩個因素：顧客天生喜歡優質產品，且能夠對產品的品質作出有效的評價。

顧客對品質的喜好也因人而異。大學生買汽車，很可能想四年以後再換一輛，因此會更多地考慮價格而不是品質。日益富裕的人們在購買某些產品時可能會更多強調品質而不是價格。如選擇筆記本電腦時，人們寧願多花一些錢買 IBM，而不去選擇聯想，因為各自的產品品質不一樣。

2.品牌聯合的費用

考慮實施品牌聯合策略時，應記住兩項重要的開支：第一項直接開支是品牌使用費，如新奇士允許用其品牌標明品質時的收費。這種購買標誌權的費用要視申請合作的盟友情況而定。另一項開支為機會成本，即需準確算出同某品牌進行聯合的長期費用並比較同其他品牌聯合的開支和收益。例如，儘管有其他價格不那麼貴的低糖脂基因，但若與強勢品牌聯合，就可能使產品與此強勢品牌在顧客心目中已有的聯想聯繫起來。

顯然，決定做品牌聯合所引起的管理問題不可小看。這些決定通常會產生長期影響，因此沒有經過適當的分析和考慮，是不能輕易做出決策的。

品牌聯合這種策略，可以作爲公司內部品牌發展的另一種途徑。另外，在傳統的品牌延伸戰略中也是一種很有效的手段。

總之，品牌聯合對於一個需要宣傳產品品質的品牌有雙重作用。當人們對產品表面上看不出來的品質有疑問時，如經歷型產品，用聯合品牌可以讓人們對產品的真實品質感到放心。同時，即使產品的品質可以觀察得到，如直觀型產品，用聯合品牌也能表明該產品的一些特性有所改進。例如，新力(Sony)因爲與杜比(Dolby)聯合，爲盒帶提供了更好的聲音品質。

8

品牌虛擬經營戰略

也許很多人並不知道，他穿的耐克鞋(Nike)不是企業自己生產的，而是委託他人加工而成的。

品牌虛擬經營實現了品牌與生產的分離，它使生產者更專注於生產，從而使品牌持有者從繁瑣的生產事務中解脫出來，得以專注於技術、服務與品牌推廣。網路經濟時代，電腦技術和網路技術的迅猛發展爲虛擬經營提供了良好的技術支援，使其蓬蓬勃勃地發展起來。但事實上，虛擬經營並非是網路經濟時代的新生兒。

在工業經濟時代，有些企業家已經開始有意無意地使用了虛擬經營這種經營方式。就拿耐克來說，它作爲國際知名品牌，不僅在歐美極負盛名，在發展中國家也盡人皆知。這全靠極具現代商業意識的總裁菲爾・耐克的精心策劃，奮力開拓，選擇了適當靈活的借雞下蛋的生產方式。

創業初期，由於菲爾・耐克準確預測到彈性好又能防潮的運動鞋的市場前景，耐克鞋憑藉獨特的設計、新穎的造型迅速在美國打開了市場。隨著公司的壯大，菲爾・耐克把眼光投向了國際市場。但是，耐克鞋價格較高，如果依靠出口進入其他國家市場，本身的高價位再加上各國，尤其是發展中國家的高關稅，是很難被這些國家的顧客所接受的。

那麼，如何解決這一難題呢？這便是耐克公司生產上的「借雞下蛋法」。耐克公司通過在愛爾蘭設廠進入了歐洲市場並以此躲過高關稅，又在日本聯合設廠打入了日本市場，20 世紀在 70 年代末能有這種巧妙構思，不能不令人欽佩。

所以，如果向公眾說明耐克公司是一家沒有廠房的美國公司，它是依靠別的企業爲它生產的，人們就會明白「借雞」的含義了。耐克公司的經理們只是集中公司的資源，專攻附加值最高的設計和行銷，然後坐著飛機來往於世界各地，把設計好的樣品和圖紙交給勞力成本較低的國家的企業，最後驗收產品，貼上耐克的商標，銷售到每個喜愛耐克的人手中。

隨著各地區生產成本的變化，耐克公司的合作對象從日本、西歐轉移到了韓國、臺灣，進而轉移到中國、印度等勞動力價格更為低廉的發展中國家，到 20 世紀 90 年代，耐克更為看好越南等東南亞國家。

由於耐克公司在生產上採取了「借雞下蛋法」，從而本部人員相當精簡而又有活力，這樣避免了很多生產問題的拖累，使公司能集中精力關注產品設計和市場行銷等方面的問題，及時收集市場信息，及時將它反映在產品設計上，然後快速由世界各地的簽約廠商生產出來滿足需求。

耐克公司的這種策略，從理論上可以劃歸為虛擬經營的範疇。所謂虛擬是電腦術語中的一個常用詞，引用到企業管理中，實質上就是直接用外部力量，整合外部資源的一種策略。虛擬經營在網路經濟時代的新發展將是一個值得我們所有企業共同去研究、探討的問題。

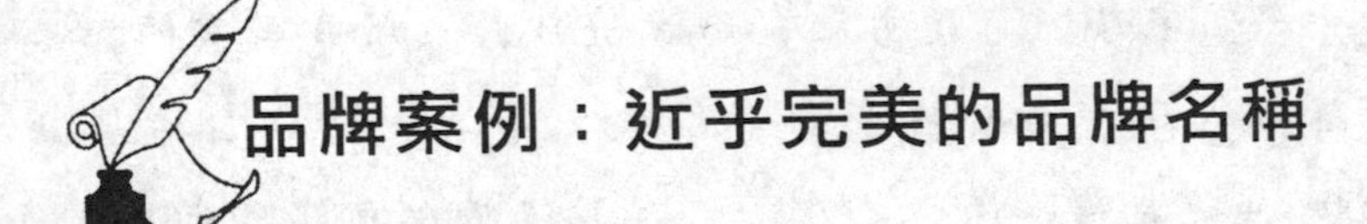

品牌案例：近乎完美的品牌名稱

「力士(Lux)」是當今世界著名的香皂品牌，該品牌之所以風靡全球，經久不衰，除了大量用著名影星做廣告樹立國際形象外，它典雅高貴的名稱也為其發展起了很大的推動作用。甚至可以說，初期的力士能成功，完全依賴於它傑出的命名創意。

在 19 世紀末，力士所屬的英國聯合利華公司向市場推出了一種新型香皂。但是這種香皂的品牌名稱一直沒有確定下來，在最初的一年中曾先後用過「猴牌」與「陽光牌」作為品牌名稱。

我們不難看出,「猴牌」與香皂沒有任何聯繫,讓人感受不到產品的功能價值,並且還會讓消費者有不乾淨的聯想;而「陽光牌」雖然有所改進,但卻仍落俗套,不能令人有耳目一新的驚豔感覺。所以在第一年裏,這種香皂的市場銷路一直不好。

1900 年,聯合利華公司在利物浦的一位專利代理人,為這種香皂取了一個令人耳目一新的品牌名稱「Lux」,立即得到了公司董事會的同意。名稱更換後,產品銷量頓時大增,並很快風靡世界。

雖然香皂本身並無多大的改進,但「Lux」這一全新的品牌名稱確實給商品帶來了巨大的利益,因此,可以說力士的成功很大程度上應該歸功於品牌的重新命名。

直至今日,業內人士仍然認為「Lux」是一個近乎完美的品牌名稱,因為它幾乎涵蓋了優秀品牌名稱的所有優點。第一,它只有三個字母,易讀易記,簡潔醒目,在所有國家的語言中發音基本一致,易於在全世界傳播;第二,它來自古典語言「Luxc」,是典雅、高貴之意,它在拉丁語中是「陽光」之意,它的讀音和拼寫令人很自然地聯想到另外兩個英文單詞 Lucky(幸運)和 Luxury(華貴)。

無論作何種解釋,這個品牌名稱都對該產品起到了很好的宣傳作用,因為它本身就是一句絕妙的廣告詞。

好的品牌命名能夠提升品牌形象和企業形象。良好的品牌形象能夠增加品牌的親和力和美譽度,幫助品牌保持市場競爭

優勢；良好的企業形象容易贏得客戶的信賴和合作，容易獲得社會的支持。

心得欄 ______________________________

第二步

設定品牌的核心價值

1

核心價值——品牌的靈魂

品牌的競爭關鍵是品牌核心價值的競爭，它是品牌存在的目的與意義，表達能向消費者提供什麼樣的價值，在精神上和觀念上得到消費者的認同與擁護，是消費者對品牌的核心需求，也是消費者忠誠於品牌的根本理由。

1.**核心價值——品牌的靈魂**

對於品牌自身而言，將價值的實現當作永遠努力的事業，在核心價值的統領下進行產品跨種類乃至跨行業的延伸都是在不斷實現價值的過程，但價值永遠也不會被實現，而是在實現的過程中不斷為社會創造財富，不斷強化自身的價值。在創造財富與強化自身的價值的過程中，品牌的輪廓在消費者的心中會越來越清晰統一，核心價值就成了他們心中的烙印，品牌的任何印跡的出現都會讓消費者聯想到品牌的核心價值，或者消費者有這種價值的需求時，也會首先想到該品牌，消費者對品牌便會產生長久的依賴感。

狄斯奈樂園為實現「為人們帶來快樂(make people happy)」的核心價值，從開始的卡通畫到卡通影片及狄斯奈樂園都沒有離開「為人們帶來快樂」這一品牌核心，雖然迪士尼的產品在不斷地推陳出新，但迪士尼經營的不是某類具體的產品，而是「為人們帶來快樂」這一品牌的靈魂。

2.核心價值——品牌識別的核心

品牌的包裝、顏色可以不斷地變化，產品的具體功能、款式也會在滿足消費者具體需求的過程中不斷地升級換代，品牌的表像總是在變化之中，但總有一層核心的東西在保持不變，這就是品牌的核心價值。消費者通過核心價值對品牌產生理念上的認知，達到品牌深植於消費者心中的目的。「承載幸福的夢想，創造財富的源泉」是由傑威品牌整合機構為北京福田汽車提煉的品牌核心價值，福田公司跨汽車、農用裝備、建材、金融四大產業經營，雖然種類繁多，但都是在提供致富的工具，讓消費者實現幸福的夢想。

3.核心價值——品牌持續的競爭力

基於變化的競爭，是品牌在戰術上的競爭。產品創新的週期越短，老化的速度也越快，品牌靠什麼佔據消費者心中的位置，形成持久的競爭力呢？品牌長期的競爭即核心價值的競爭，品牌核心在消費者心中的地位越鞏固，這種持續的競爭力也就越明顯。

4.核心價值——建立顧客忠誠的理由

同質化時代，品牌的具體產品難以獲得消費者的忠誠，消費者的需求在不斷地變化，產品的定位也在爲適應消費者的需求經常創新，但產品因創新而獲得的相對競爭優勢在短期內便會讓競爭者所模仿甚至超越。例如，彩屏手機的首期推出在短期內會贏得消費者對該品牌的集中關注，但由於利潤的驅動及競爭者在技術上的學習與模仿能力會很快推出功能相似的手機而填平了這種基於定位的差異，甚至有所創新和超越。這樣的差異是相對的，也是動態的，無法建立消費者的長期忠誠，在款式與包裝上更是如此。但品牌的核心價值能建立消費者的長期忠誠，如果消費者欣賞的是諾基亞「人文科技」的核心價值，即使諾基亞手機的功能、價格、款式、包裝在不斷地變化，只要「人文科技」這一核心價值不變，消費者同樣忠誠於諾基亞。

5.核心價值——品牌戰略資源的集中導向

品牌核心價值不是宣傳出來的，當品牌核心價值提煉出來之後，品牌的各類戰略資源便會以核心價值爲中心，傾力打造名符其實的價值。沃爾沃堪稱由品牌核心價值全面整合品牌戰略資源的典範。在國際汽車工業界，沃爾沃公司在安全方面屢有建樹，很多安全技術都是由沃爾沃首創的，1959 年發明了現已成爲所有小汽車法定裝備的三點式安全帶。1972 年又首創目前正在普及的安全氣囊。2001 年，沃爾沃又推出了新一代的安全概念車。我們可以發現沃爾沃是如何在科研與產品上不折不扣地兌現核心價值的。

不僅如此，沃爾沃在宣傳上也不遺餘力強調「安全」的核心價值。比如，舉辦的汽車特技駕駛表演和碰撞演示中，用事實讓人感受到了沃爾沃在安全技術上無可匹敵的王者地位。英國女王戴安娜乘坐賓士車因交通事故去世，消息發佈後第二天，沃爾沃公司立即在報刊上發表標題是《如果戴安娜乘坐的是沃爾沃，結果將會怎樣》的文章，將沃爾沃的安全性能與賓士車進行了一番生動的比較後，沃爾沃的銷量直線上升。

2

品牌核心價值的 3 大主題

品牌核心價值的三大價值主題：理性價值、感性價值和象徵性價值。強勢品牌常常兼具這三層價值主題，這三層品牌價值主題猶如多重奏的音樂，即使在嘈雜的雜訊中也能爲顧客所識別和傾心。

然而如何確定品牌核心價值呢？由於可選擇的價值主題多得如恒河沙數(從成功品牌的核心價值各有不同就可以發現)，如果沒有科學方法的指引，這一確定過程無異於是曠日持久的大海撈針。

在品牌戰略管理的實踐中，我們常常把品牌核心價值分爲 3 大價值主題：理性價值(品牌利益)、感性價值(品牌關係)和象徵性價值(品牌個性)。

每一種價值主題都可以成爲尋找品牌核心價值的方向，每一個成功的價值主題都可以使得品牌脫穎而出，每一次品牌的成長都是價值主題的進一步綜合，強勢品牌常常兼具這三層價值主題。

這三層品牌價值主題猶如多重奏的音樂，即使在嘈雜的雜訊中也能爲顧客所識別和傾心。

1.**理性價值(品牌利益)**

理性的品牌核心價值著眼於功能性利益或者相關的產品屬性，如功效、性能、品質、便利等，在快速消費品行業相當常見，是絕大多數品牌在品牌塑造初期的立身之本和安身之所。

以下我們可以看到寶潔的洗髮水品牌是如何通過品牌利益進行核心價值區隔的：

表 1

飄 柔	讓頭髮飄逸柔順	潘 婷	補充頭髮營養，更烏黑亮澤
海飛絲	快速去除頭屑	沙 宣	專業頭髮護理

2.**感性價值(品牌關係)**

感性的品牌核心價值著眼於顧客在購買和使用的過程中產生某種感覺，這種感覺爲消費者擁有和使用品牌賦予了更深的意味和營造了密切的關係，很多強勢品牌的識別在理性價值之外往往包含情感性價值。

儘管品牌關係常常是難以琢磨的，但依舊有 7 種典型的品牌關係可資選擇：

表 2

熟悉關係	我對這個品牌知之甚詳
懷舊關係	這個品牌讓我想起生命中某個特別的階段
自我概念關係	這個品牌與我非常相符
合夥關係	這個品牌會非常看重我
情感結合關係	如果找不到這個品牌我會非常沮喪
承諾關係	不管生活好壞我都將繼續使用這個品牌
依賴關係	一旦我不使用這個品牌，我感到有什麼東西正在消失

成功的品牌常常就在微妙的差別中找到自己。如：

表 3

可口可樂	依賴關係	蘋果電腦	自我概念關係
麥當勞餐廳	熟悉關係	南方黑芝麻糊	懷舊關係

3.象徵性價值(品牌個性)

象徵性的品牌核心價值是品牌成爲顧客表達個人主張或宣洩的方式，有個性的品牌就像人一樣有血有肉令人難忘(見表4)。近年來品牌個性在品牌核心識別中的地位越來越重要，以至於不少人認爲品牌個性就是品牌的核心價值，品牌個性已經成爲一種神奇的力量。

表 4

LEVI' S 牛仔褲	結實強壯	百事可樂	年輕刺激
萬寶路香煙	粗曠豪邁	柯　　達	顧家誠懇
哈雷機車	無拘無束		

使用象徵物的一個典型成功案例就是「Qoo 酷兒」。1999 年 11 月，「Qoo 酷兒」在日本研製成功，2001 年即成爲可口可樂的第三品牌(繼可口可樂和芬達之後)；2001 年 4 月在韓國上市，迅速躍升爲當地果汁飲料第一品牌及飲料第三品牌，銷售量超過預計量 6 倍；2001 年 6 月在新加坡上市，迅速成爲當地第一果汁品牌；2001 年 10 月，Qoo 酷兒在臺灣上市。上市僅 3 個多月，銷售量就爲韓國、日本市場的 2 倍，並且還曾出現通路供不應求的缺貨窘境，成爲當地消費者最喜愛的果汁飲料。

只要理性、感性、象徵性三個價值附著於某一品牌，那麼這個品牌就會凸現出來。

心得欄 ------------------------------------

3

維護品牌核心價值

英國戴安娜王妃因一場車禍去世，為此，沃爾沃立即登出一幅廣告，標題赫然寫著:「如果乘坐的是沃爾沃，戴妃會香消玉殞嗎？」，並且從技術上洋洋灑灑地分析了一番後得出結論：「以沃爾沃的安全技術，戴妃能保全性命」，再加上幾乎所有的新聞都報導了當時戴妃乘的是賓士車，言下之意無非是說沃爾沃比賓士還安全。夠準、夠狠、夠絕的一招，把安全這一核心利益點傳達得淋漓盡致。沃爾沃宣傳的重心一直是「安全」，從未曾聽說沃爾沃頭腦一發熱去宣傳「駕駛的樂趣」。沃爾沃能成為 2000 年全美銷量最大、最受推崇的豪華車品牌，與其對品牌核心價值的精心維護是分不開的。

定力對品牌意味著什麼？

品牌核心價值是品牌資產的主體部份，它讓消費者明確、清晰地識別並記住品牌的利益點與個性，是驅動消費者認同、喜歡乃至愛上一個品牌的主要力量。

品牌管理的中心工作就是清晰地規劃勾勒出品牌的核心價值，並且在以後的 10 年、20 年，乃至上百年的品牌建設過程中，始終不渝地要堅持這個核心價值。只有在漫長的歲月中以非凡的定力去做到這一點，才不會被風吹草動所干擾，讓品牌的每一次行銷活動、每一分廣告費都爲品牌做加法，起到向消費者傳達核心價值或提示消費者聯想到核心價值的作用。久而久之，核心價值就會在消費者大腦中烙下深深的烙印，並成爲品牌對消費者最有感染力的內涵。

如舒膚佳的核心價值是「有效去除細菌、保護家人健康」，多年來電視廣告換了幾個，但廣告主題除了「除菌」還是「除菌」。

品牌在戰略上的主要失誤，是幾乎不存在對品牌價值的定位，企業的價值活動沒有圍繞著一個核心展開，在廣告上表現爲訴求主題月月新、年年變，成了「信天遊」。儘管大量的廣告投入多少也能促進產品銷售，但幾年下來卻發現品牌資產、整體價值感與品牌威望並沒有得到提升。

1.**不瞭解穩定至上的意義**

品牌管理是一門博大精深的學問，真正科學透徹地理解長期維護核心價值不變之重要性的企業家，其實少之又少。解決這一矛盾的最好辦法就是培養大批專業品牌管理人才，並且不斷地創造機會向企業界傳播這一原則。

有些企業認爲：「同一核心價值就沒必要多拍廣告片」，這是不對的。百事可樂的核心價值是「年輕、未來一派、緊跟時代步伐的精神特質」，10 多年來一直未變，但廣告片換了不下50 個；耐克的核心價值是「超越——強勁有力、生氣勃勃、富有進攻性」，不也是幾乎每隔半年就會有一條新廣告片嗎？長時間不換廣告，消費者會十分厭倦，品牌會給人陳舊、呆板、不時尚、檔次降低的感覺，也會殺傷品牌。只有圍繞核心價值不斷更換廣告，不斷地給消費者視覺聽覺的新鮮感，又接收持續一致的信息，品牌才能茁壯成長。

2.頻繁換廣告公司

頻繁換廣告公司是企業的大通病，缺少平常心，整天這山望著那山高，稍不滿意就換策劃公司。一換就換出了大問題：新的策劃公司能否吃透原來策劃公司對品牌的戰略規劃就是個問號。即使有能力吃透，也得否定一下原先公司的策劃方案，才能體現技高一籌。所以，核心價值往往就得變一變！有時候，即使同一廣告公司和策劃公司，換了一個新的服務小組和一批新的人馬，新的人馬也有爲表現「技高一籌」而產生換一換的衝動。

3.策劃人員的標新情結

很多異常敬業、專業情結濃郁的策劃人、廣告人，以標新立異和不斷超越出新作品爲榮，似乎隔一段時間不出新創意就會被人認爲腦子不好使，壓不住客戶。這種創新精神非常可貴，但常常一出新創意就把核心價值給「新」掉了。

4.高估了廣告傳播的效果

其實，要讓消費者知曉並牢牢記住品牌核心價值等信息是十分困難的。即使是舒膚佳在花了近十年的時間說同樣一句話「有效去除細菌」，但記住了這句話的人超不過 30%。樂百氏純淨水「足足 27 層淨化」，是理性廣告訴求的經典之作，獲廣告大賽金獎。此廣告語簡單、獨特易記，開門見山地傳達了產品的獨特賣點，按大家的想像，廣告一轟炸，消費者一下子就能記住。事實上，調查結果表明：即使在第一時間也只有 7.2%的人在不提示下能回憶起「27 層淨化……」。可見，如果我們不能持久保持核心價值的穩定，品牌是無法在消費者心中留下一個清晰印記的。

5.缺少體制與人才保證

由於絕大部份企業都沒有專門的品牌管理機構與人才，往往由銷售總監、廣告經理代替品牌管理的職責，而銷售總監會以年度銷售目標的實現爲主要目標，廣告經理易沉溺於具體廣告創意、促銷策劃的創新與執行等戰術工作，從而忽略了品牌戰略的貫徹。企業應該成立以總裁爲主的品牌戰略管理委員會，進行品牌戰略的實施與制定、執法檢查，品牌總監或市場總監進行日常的品牌管理。品牌管理工作由企業內部主導進行，企業在換廣告公司時就能確定核心價值不被改頭換面。

其實，企業在頻率不是太高的前提下換廣告公司還是有益的。一方面可以保持對廣告公司的壓力；另一方面，不同廣告公司的創意手法各有特色。

6.因壓力而貿然「改弦更張」

康佳就曾因爲長虹的價格壓力而改變行銷策略，從而損害了品牌核心價值。康佳的核心價值是「高科技、人性化、時尚感、現代感」，一直以來以技術力、工業設計力、品牌傳播力爲基礎，來支撐起這一品牌核心價值與高檔形象，所以康佳完全可以在中高檔細分市場獲得較高溢價，而長虹則通過總成本領先戰略建立起價格優勢。兩個品牌本來可以開開心心地各走各的陽關道，問題是面對市場上長虹淩厲的價格攻勢，康佳戰略決策者失去了定力，自亂陣腳，忘記了自己的核心優勢，使戰略發生了游離。

康佳爲了搶市場佔有率，大量的普通機與中低檔機、特價機充斥市場，同時頻頻打價格戰的消息通過媒體與銷售終端被消費者感知。這一切都在無情地破壞康佳鉅資投入的品牌傳播所建立的「高科技、人性化、時尚感、現代感」的品牌核心價值。結果，價格戰打不過長虹，高精尖的產品又由於品牌形象受損消費者不信任。

4

如何締造自己的核心價值

品牌的核心價值即品牌的基因，它是品牌的精髓，是最有價值的部份，它代表了一個品牌最中心、獨一無二、且不具時間性的要素。是否擁有核心價值，是品牌經營是否成功的一個重要標誌。一些國際品牌將品牌核心價值的建設視爲重中之重，強生的「您可信賴的家庭醫生」，吉列的「男士的選擇」等等，都爲其品牌資產的積累立下了不朽功勳。而反觀我們國內的很多品牌，幾乎不存在對核心價值的定位，廣告十分隨意，訴求主題月月新、年年變。廣告投入不少，但品牌資產沒有得到有效積累。

企業若要成就自己的品牌，必須從品牌「基因」入手。

1.賣產品，更賣生活主張

產品是冷冰冰的，而品牌是有血有肉、有性格、有靈魂的，賣什麼樣的品牌，就代表你是什麼樣的人。穿夏奈爾——你是一個高貴而略帶保守的人；穿杉杉——你是一個重視環保、有愛心的人；穿 Calvin Klein——你是一個性感的人。再比如同樣是香煙，萬寶路代表的是一種粗獷、男子氣概(它的廣告畫面始終是鄉村的牛仔形象)；555 代表的是一種寧靜、深邃、高科技(它的廣告畫面始終是深邃的星空)。

論材料和做工，彼此並無多大差別，金利來的服裝爲什麼比別的貴許多卻還賣得比別人好？這其中有什麼奧秘？這就是品牌的威力。其他無品牌的服裝賣的是面料和款式，而品牌賣的是一種精神。消費者買服裝，不僅僅是爲了解決遮體、保暖的問題，同時是追求一種精神的享受和自我個性的表現。如果消費者看了服裝以後說：它是與眾不同的，它正是我想要的，那麼就值得爲此多付一些錢。

如果說人生的三大境界是物質、精神和靈魂，那麼，消費者體驗品牌的三個層面分別爲：

(1)物理屬性

主要是爲了獲得產品的物理效用與使用價值，這是品牌體驗的最初層面。消費者體驗品牌，首先從體驗產品開始，沒有對產品的體驗，對品牌的體驗就無從談起。如果是白酒，消費者的產品體驗通常會是：順口、不上喉、價格適中等等；如果是鞋子，消費者的產品體驗通常會是：結實、合腳、真皮等等。

但是，品牌的執行者應該注意：如果自己的品牌領先其他競爭對手的原因只是產品的物理屬性，那麼這個品牌在將來一定會被別的品牌所趕超。

⑵**感官享受**

如果對一個品牌的物理屬性層面的體驗產生好感，持續積累，便會上升到感官享受的層面。例如，如果消費者品嘗一種白酒，如果經常給他良好的產品感受，久而久之，便會形成一種舒適的消費感愛，對品牌的體驗上升到心理層面。

⑶**價值主張**

消費者對品牌的感官享受超過一個臨界點，便會形成一種價值主張，這是品牌體驗的最高境界。比如通過喝某種酒來表達自己的人生主張、價值觀、生活態度。甚至覺得這種酒裏面總是有自己的影子，總是說出自己想說的話。

對品牌核心價值的設定，不是要去向消費者解釋我們的產品是多麼的好，能夠滿足消費者的生理需求，因爲這一點對手也能做到。如果一種食品的核心價值設定停留在品嘗後的感覺上，比如「味道鮮美、純正，讓人產生快感」，這雖然十分貼切地表現了品嘗食品後的美妙感受，對產品本身的銷售也有較大的促進作用，但缺乏一種感召人內心深處的力度，這只是賣產品的定位，沒有達到賣精神與文化的境界，品牌的核心價值缺乏包容性，對長遠的發展也極爲不利。所以品牌核心價值應著重宣傳我們的品牌將會是什麼，包括精神的快感、心理需求的滿足以及品牌獨特的價值觀。

2.如何締造品牌核心價值

品牌的核心價值應該是獨一無二的，具有可明顯察覺與識別的鮮明特徵，以與競爭品牌形成區別。在家電品牌中，海信的核心價值是「創新」，其品牌 logo 是「創新就是生活」；科龍的核心價值是「科技」，其品牌 logo 是「夢想無界，科技無限」。就獨特性來說，「科技」的提法正在增多，品牌與品牌之間的差異漸趨模糊。對品牌所提出的核心價值，企業應該有充分的執行力，否則，這一核心價值就難以貫徹始終。如果一個品牌將核心價值定位於「創新」、「科技」，那他就必須有足夠的持續的技術優勢來支援這一定位，否則這一定位只會越來越弱化。

品牌的核心價值應具備強大的感召力，體現對人的關懷，震撼人的內心，這樣才能與人產生共鳴，拉近品牌與人類的距離。孔府家酒以「家文化」爲品牌核心價值，既有其歷史的感召力，也有其現實的感召力。幾千年來，家是人類不懈追求的夢想，一種無法釋懷的古老情結；而從現實的意義上講，許多人一輩子的奮鬥，就是爲了能有一個美滿幸福的家。因此，這一價值正是大多數人的價值，因而能夠得到廣泛的認同。

品牌核心價值的相容性體現在兩個方面：一是空間的相容，品牌的核心價值應該是其所有產品的包容，並且今後有可能跨越多個行業，所以要具有廣泛的內涵；二是時間的相容，品牌核心價值一經設定，便要長久堅持，其內涵可延續百年、千年而不落伍，這樣品牌才可能成爲「不倒翁」。

堅持持續一致的品牌傳播是一些國際品牌走向成功的不二法門。可口可樂上百年來一直強調它是「美味的、歡樂的」；力士一直堅持用國際影星作形象代言人，詮釋其「美麗的」承諾達 70 年之久。耐克一直贊助體育活動，從不涉足其他活動。

品牌策略一旦確立，只可堅持，絕不可半途而廢。牛仔服裝的著名品牌 Lee 曾因中途改變其形象而陷入困境。

Lee 最初的廣告語是：最貼身的牛仔。應該說，它在那些大都宣傳自己「領導潮流、高品位、最漂亮」的牛仔服市場中擁有了自己獨特的個性。但廣告播出後很短的時間，便遭到了中間商特別是零售商的反對，他們自恃更瞭解消費者的心理，認爲消費者要購買的是時裝，應宣傳產品的時尚和品位。Lee 接受了這一意見，改變了策略，兩年後，Lee 陷入困境。在總結經驗教訓的基礎上，Lee 重新回到了原來的定位：最貼身的牛仔。經過持續不斷的宣傳一直到今天，Lee 終於在強者林立的牛仔服裝市場中樹立起其「最貼身」的形象。

很多的經驗告訴我們，如果品牌形象朝令夕改，最終將無法建立強勢品牌。在我們的週圍，這樣的例子俯拾皆是，今天推出的是價格高昂的別墅，明天推出的是價格低廉的安居房；今天贊助一個文藝晚會，明天贊助一個體育活動；最後留給消費者的形象將非常模糊、毫無個性，品牌建設的夢想將成爲一句空話。

品牌案例：金利來，男人的世界

「金利來，男人的世界。」這句經典的廣告讓金利來品牌迅速火了起來。現在的金利來家族，除了響噹噹的領帶外，還有其他種類頗多的男士服裝、飾品、用品等，真可謂一個男人的世界。

1968 年，金利來品牌的創立者曾憲梓，看到香港本地生產的領帶品質低劣，全擺在地攤上銷售，便立志在香港生產出做工精良的領帶來。

曾憲梓在泰國時曾跟哥哥做過幾個月的領帶，他就靠自己那時掌握的領帶製作技術，硬是用剪刀、尺子、縫紉機等簡單的工具，做出了精美的領帶。

有了領帶，還要給領帶確定一個好名字，因為領帶沒有品牌是不能進入高檔商店的櫃檯陳列的。

曾憲梓最初起的品牌名字叫「金獅」，他興致勃勃地將兩條金獅領帶送給一位親戚，沒想到人家居然拒絕了他的禮物，並且很不高興地說:「金蝕，金蝕，金子全都蝕掉了，真是不吉利！」原來，在粵語中，「金獅」與「金蝕」同音，是賠本的意思。香港人愛討吉利，自然不會喜歡這個名字了。

當晚，曾憲梓徹夜未眠，絞盡腦汁地要給自己的領帶起個好名字。最終他想到：將「金獅」的英文名字「Goldlion」由意譯改為音譯，「Gold」仍然譯為「金」，而「Lion」則取音譯，譯為「利來」，合起來就是「金利來」，既貼切又吉利，誰聽了都會喜歡。就這樣，「金利來」這個品牌名稱誕生了。

接著，曾憲梓又突發奇想，中國人很少用毛筆寫英文，我就用它寫成我的商標，不是很特別嗎？於是他在紙上用毛筆寫出了「Goldlion」的字樣，再請專門的設計人員進行整理和加工，就成了現在「金利來」品牌的英文標識。曾憲梓又用一枚錢幣畫了一個圓，用三角尺畫了一個「L」，一個優美的商標圖形就完成了。

將品牌改名之後，「金利來」果然一叫就響，很快成了馳名的領帶品牌，金利來公司也從此發展起來。

「金利來」這一品牌的成功，重在品牌名稱的定位好，它迎合了顧客的消費心理。金和利一起來，誰會不喜歡呢。消費者喜歡，並樂於接受，品牌自然也就發展起來了。

心得欄 ____________________

____

____

____

____

____

第三步

品牌要定位

1

品牌定位的概念和意義

1.品牌定位的概念

定位始於產品，定位並非對產品採取什麼行動，而是指要針對潛在顧客的心理採取行動。這就是說，要將產品定位在潛在顧客的心中。

基於對定位的理解，我們認爲所謂品牌定位，是指企業爲自己的品牌在市場上樹立一個明確的、有別於競爭對手品牌的、符合消費者需要的形象，其目的是在消費者心目中佔領一個有利的位置。當某種需要一旦產生，人們首先就會立即想到某一品牌。

比如，當人們手被割破了，第一個就會想到邦迪創可貼；當人們患咳嗽，第一個想到急支糖漿；人們外出旅遊攝影，第一個想到柯達膠捲。類似的例子還有很多。這些品牌都以其獨特的品牌形象在消費者心目中留下了深刻的印象，使消費者理解和認識了其不同於其他品牌的特徵。

品牌定位是品牌行銷的首要任務，是品牌建設的基礎，是品牌行銷成功的前提。品牌定位在品牌行銷中有著不可估量的作用和深遠的意義。

2.品牌定位的意義

在市場競爭激烈的條件下，如何使自己的品牌具有獨特的個性和良好的形象並凝固在消費者心中，直接關係到企業經營的成敗。品牌定位之所以受到企業的高度重視，是因爲它具有深遠的現實意義和理論意義。

⑴品牌定位有助於消費者記住企業所傳達的信息

現代社會是信息社會，人們從睜開眼睛就開始面臨信息的轟炸，消費者被信息圍困，應接不暇。各種消息、資料、新聞、廣告鋪天蓋地。

以報紙爲例，美國報紙每年用紙過千萬噸，這意味著每人每年消費 94 磅報紙。一般而言，一份大都市的報紙，可能包含有 50 萬字以上，以平均每分鐘讀 300 字的速度計算，全部看完幾乎需要 30 小時。如果仔細閱讀的話，一個人一天即使不做其他任何事情，不吃不睡，也讀不完一份報紙。更何況現代社會的媒體種類繁多，電視、雜誌、網路上的信息也鋪天蓋地，更新快速。

面對如此多的媒體，如此多的產品，如此多的信息，消費者無所適從是必然的；這也使得企業的許多促銷努力付諸流水，得不到理想的效果。

科學家發現，人只能接受有限量的感覺；超過某一點，腦子就會一片空白，拒絕從事正常的功能。在這個感覺過量的時代，企業只有壓縮信息，實施定位，爲自己的產品塑造一個最能打動潛在顧客心理的形象，才是其唯一明智的選擇。品牌定位使潛在顧客能夠對該品牌產生正確的認識，進而產生品牌偏好和購買行動，它是企業信息成功通向潛在顧客心智的一條捷徑。

(2)品牌定位有利於促進品牌形象與目標市場的最佳結合

品牌定位是針對目標市場確定、建立一個獨特品牌形象的結果。它同時也是一系列品牌經營活動的過程。品牌定位是對企業的品牌形象進行整體設計，從而使它在目標消費者的心目中佔據一個獨特的有價值的地位的過程或行動。可見，品牌定位的著眼點是目標消費者的心理感受，其途徑是對品牌整體形象進行設計。進行品牌定位的一系列活動的實質就是依據目標消費者的種種特徵，設計品牌屬性並傳播品牌形象，從而在消費者的心目中形成企業刻意塑造的一個獨特形象。

由此可見，目標市場與品牌整體形象二者之間密切相關。一方面，目標市場是設計品牌整體形象的重要依據和歸宿；另一方面，有效的品牌設計又將在目標消費者的心目中形成一個企業所設計出的並期望的品牌形象。

因此，我們不難看出，品牌定位就是力圖尋求品牌形象與目標市場實現最佳結合的過程。「萬寶路」香煙被塑造成粗獷豪放、自由自在、縱橫馳騁、渾身是勁、四海爲家、無拘無束的西部牛仔形象，無疑迎合了美國男性煙民內心對那種不屈不撓的男子漢精神的追求。在香港地區萬寶路的牛仔形象被認爲是缺少文化的地下勞工，從感情上難以接受。根據香港地區消費者的文化特徵，萬寶路品牌形象變爲年輕、灑脫、事業有成的牧場主。到了日本，該品牌形象又變爲征服自然、過著田園牧歌般生活的日本牧童。萬寶路品牌定位的一系列改變體現了它不斷尋求品牌形象與目標市場的最佳結合的過程。

⑶**品牌定位有助於確立品牌個性，滿足消費者個性化需求**

一般說來，隨著科學技術和現代化信息工程，特別是Internet的發展，企業在產品性能和品質及服務上比較容易做到讓客戶滿意，且容易形成差異化而獲得差別優勢。然而，對於如何把握消費者的情感取向則充滿許多不確定性和創造性，也正是在這一點上區別出不同品牌的價值所在。因而品牌的情感訴求將日益成爲競爭的焦點而受到高度重視。品牌個性是品牌的情感訴求的集中體現，它是指企業確定的使公眾易於認識其品牌的一種方法。如萬寶路的品牌個性是強壯、充滿陽剛之氣，而耐克品牌則充滿了運動之美。品牌個性的設計與塑造使品牌具有了鮮活生動的情感和生命，使消費者自然產生親近感，從而有利於達到有效的互動溝通。

著名品牌策略大師大衛・奧格威認爲，品牌能借助人口統計項目(年齡、性別、社會階層和種族等)、生活形態(活動、興趣和意見等)或是人類個性特點(外向性、一致性和依賴性等)來予以描述。他將品牌個性要素分為純真、刺激、稱職、教養和強壯五類。同時，每個個性特徵又細分為不同的面相。品牌個性尺度的五大個性要素見表5。

表5 品牌個性要素

個性要素	舉例	面相	特點
純真	康柏 賀軒 柯達	純樸 誠實 有益 愉悅	家庭為重的、循規蹈矩的、藍領的、美國的 誠心的、真實的、道德的、有思想的、沉穩的 新穎的、誠懇的、永不衰老的、傳統的 表情的、友善的、溫暖的、快樂的
刺激	保時捷 Absolut 班尼頓	大膽 有朝氣 富於想像 新潮	極時髦的、刺激的、不規律的、煽動的 年輕的、活力充沛的、外向的、冒險的 獨特的、風趣的、令人驚異的、有鑑賞力的 獨立的、現代的、創新的、積極的
稱職	AMEX CNN IBM	可信賴 聰明 成功	勤奮的、安全的、有效率的、可靠的、小心的 技術的、團體的、嚴肅的 領導者的、有信心的、有影響力的
教養	賓士 露華濃	上層階級 迷人	有魅力的、好看的、自負的、世故的 女性的、流暢的、情感的、高尚的
強壯	利維氏 萬寶路 耐克	戶外 強韌	男子氣概的、西部的、活躍的、運動的、粗野的 強壯的、不愚蠢的

五大個性要素和十五個面相，伴隨著一個品牌，因其中構成比例的不同而使品牌呈現不同的個性特徵。對有些品牌是正面的個性特徵，對另一些品牌可能就是負面的。如陽剛、強壯

對萬寶路來說是正面的個性特徵，而柔韌、女性化對萬寶路來說則是負面的個性特徵。品牌定位中對品牌傳達情感的設計，也確定了該品牌所具有的個性。

⑷品牌定位有助於企業佔領市場、拓展市場

產品本身是具有某種有用性的東西。顧客選擇產品的依據最初僅是產品的有用性及有用性大小，這主要取決於產品的性能、功能、品質等因素。企業尋求產品的差異化就成為其競爭的主要手段，但競爭的結果卻使競爭企業不斷尋求產品品質的提高和在性能上盡善盡美。這將導致全部競爭企業產品趨同化、同質化。於是，企業將競爭的焦點轉向服務的差別化，同樣的原因，又使服務差別化優勢逐漸消失，企業又不得不求助於賦予產品某種情感或活力，使其具有個性活力或生命性，迎合消費者心理並與之產生共鳴，從而獲得差別優勢。品牌整體形象是產品本身、提供服務及傳達情感的綜合。而品牌定位就是對品牌個性與形象的整體設計。

可以說，成功的品牌定位對企業佔領市場、拓展市場具有巨大的導航作用。品牌定位已遠遠超出了產品本身，產品只是承載品牌定位的物質載體而已，人們使用某種產品，在很大程度上是體驗品牌定位所表達的情感訴求。「萬寶路」香煙最初問世時(1924 年)，將女性煙民作為其目標市場，而女性煙民群體不穩固，且重覆消費次數很少，致使萬寶路從問世到 20 世紀 50 年代一直默默無聞。在這種情況下，萬寶路改變品牌形象，將目標市場更新定位為男性煙民。在品牌塑造中以硬錚錚的男子漢作為品牌形象的表達。這一品牌定位一掃過去的女性味十足的品牌形象。自 20 世紀 50 年代萬寶路品牌新形象一問世，就給萬寶路帶來巨大財富。由於品牌訴求發生變化就會帶來截然相反的市場反應，因而可以說，以品牌爲旗幟在市場開拓中具有重要作用。

因此，品牌定位是企業佔領市場、拓展市場的前提。企業如果不能有效地對品牌進行定位，以樹立獨特的消費者可認同的品牌個性與形象，必然會使產品湮沒在眾多產品品質、性能及服務雷同的產品當中。

⑸**品牌定位是品牌整合行銷傳播的基礎**

企業不僅要進行品牌定位，還必須有效地傳播品牌定位所設計的整體形象。所謂品牌傳播是指通過廣告、公關等手段將企業設計的品牌形象傳遞給目標消費者，以期獲得消費者的認知和認同，並在消費者心目中確立一個企業刻意營造的形象的過程。

品牌定位與品牌傳播在時間上存在先後的秩序，正是這種先後秩序決定了二者之間相互依賴、相互制約的關係。品牌定位必須依賴於品牌傳播才能實現定位的目的——在目標消費者心目中佔據一個獨特的有價值的位置。如果不能及時準確地將企業設計的品牌形象傳遞給目標消費者並求得其認同的話，那麼該定位就是無效的。在當今高度發達的經濟中，「酒香不怕巷子深」已不再時尚，這已被眾多事實所印證。唯有整合行銷傳播才能使品牌定位真正生成並生效。

品牌傳播更依賴於品牌定位。沒有品牌整體形象的預先設計（即品牌定位），品牌傳播就難免盲從而缺乏一致性，使品牌的市場形象力大打折扣。可以說，品牌定位是品牌整合行銷傳播的客觀基礎。

2

品牌定位的原則與標準

1.品牌定位的原則

在品牌定位過程中，全面掌握、靈活運用定位原則，是確保品牌定位成功的重要條件。

⑴品牌定位要考慮到產品本身的特點

產品是品牌的載體，品牌必須依託於產品，這就決定了在進行品牌定位時必須考慮到品牌標定下產品的性質、使用價值等相關因素。受品牌產品有用性等因素的限制，品牌定位應該有所區別。有的產品(如白酒、汽車等)使用範圍大，可以以品牌的不同定位滿足不同消費者的不同需求。但是，也有些產品的使用局限性較大。例如，家庭洗碗用的百潔布，無論如何都難以使它與「高檔」結緣。這就是說，產品本身的用途決定了，無論它通過品牌宣傳訴求得到多麼大的提升，都難以使品牌標定下的產品成爲「高檔」。因此，在進行品牌定位時，必須考慮產品本身的特點。

⑵品牌定位要考慮企業的資源條件

品牌定位必須要考慮企業的資源條件，要能使企業資源獲得優化利用，既不要造成資源的閒置和浪費，也不要因資源缺乏陷入心有餘而力不足的尷尬境地。企業將品牌定位於尖端產品，就要有相配套的技術；定位於國際化品牌，就要有運作全球市場的經營管理人員；定位於高檔，就要有能力確保產品的品質。也就是說，品牌定位要能與企業資源相匹配，既不能好高騖遠，也不能妄自菲薄。

⑶品牌定位要考慮成本收益比

品牌定位是要付出經濟代價的，其成本的多少因定位不同而有所差異。不考慮成本、不求回報，是不符合現代企業的經營宗旨的，所以，企業在考慮品牌定位時，還必須考慮成本收益比，要遵循的一條規則就是：收益大於成本。收不抵支的品牌定位，最終只能導致失敗。

⑷品牌定位要考慮競爭者的定位

在市場競爭十分激烈的情況下，幾乎任何一個細分市場都存在一個或多個競爭者。未被開發的空間越來越少了。在這種情況下，企業在進行品牌定位時更應考慮競爭者的品牌定位，應力圖在品牌所體現的個性和風格上與競爭者有所區別，否則消費者易於將後進入企業的品牌視爲摹仿者而不予信任。例如，在百事可樂最初推向市場時，以挑戰者身份使用「Me——Too(我也是)」策略。言下之意，你是「真正的可樂」,「我也是」。消費者在心目中產生了摹仿者的概念，可口可樂推出「只有‘可口可樂’才是真正的可樂」的戰略，進一步強化了這一印象，它在提醒消費者，「可口可樂」才是真正的創始者，其他都是仿冒品，給百事可樂以迎頭痛擊。因此，企業在進行品牌定位時，要突出自己的特色，營造自己品牌的優勢，使自己的品牌有別於競爭性品牌。

2.品牌定位的標準

品牌定位要突出品牌個性，但並非可以隨心所欲地定位。決定品牌定位時應依據一定的標準，否則會適得其反。具體而言，有以下幾種標準是定位時應遵循的：

⑴定位必須是消費者能切身感受到的

定位必須是消費者能切身感受到的，否則便失去了定位的意義。定位應把品牌和消費者的想像、感覺聯繫起來，如果消費者根本無法理解該品牌所傳達的信息，定位就是失敗的。

⑵定位一定要以產品的真正優點為基礎

產品是品牌的基礎和依託，品牌的競爭優勢是產品特點的延伸，名不副實的宣傳定位會導致消費者的懷疑和企業的完全失敗。

⑶定位一定要凸顯競爭優勢

「以己之長攻彼之短」是用兵謀略，現代商戰中也是如此，以自己的競爭優勢佔領市場是企業不變的法寶。

⑷定位要清晰、明白，不宜太過複雜

比如 IBM 公司很少強調其產品品質，而是以自己是一家服務性公司爲訴求點，因此大多數消費者都以爲 IBM 能使非專業的電腦操作人員覺得有保障。

3.品牌定位的偏失

⑴定位過低

品牌定位過低會使消費者認爲某種品牌是低檔產品，不符合產品的使用環境和品質屬性，因而對之不屑一顧。如果某高科技產品或技術含量較高的產品，品牌定位過低，則可能因引起消費者的懷疑而沒有市場。

⑵定位過高

品牌定位過高會在消費者心目中造成不敢輕易購買的形象，從而失去一部份有能力購買而被品牌定位過高嚇跑的消費者。一些企業盲目推出不受歡迎的高級商品。海德服飾公司曾爲「海德紳」西服促銷策劃了一次「50 萬元能買幾套海德紳西服」的公關宣傳活動：該公司採用日本技術精製加工成了 50 萬元的西服，款式豪華，售價分別是 25 萬元、15 萬元、10 萬元三檔，據稱是當時國內服裝市場上最高售價，結果這批西服剛在其專賣店亮相就遭到非議，且門前冷落車馬稀。

前幾年全國各地興建豪華商廈，各大商場紛紛刮起裝修風，商場內外裝修得富麗堂皇，美輪美奐，舊貌變新顏，各種精品屋、貴族廊充斥其間，商品價格自然居高不下，令不少消費者望而興歎，其結果是消費者「被嚇走了」，豪華商廈也紛紛關門大吉。

⑶定位不足

即定位不清晰，使消費者難以清楚識別。品牌定位關鍵是抓住消費者的心，如何做到這一點呢？首先自然是必須帶給消費者以實際利益，滿足他們某種切實的需要。但做到這一點並不意味著你的品牌就能受到青睞，因為市場上還有許多企業在生產同樣的產品，也能給顧客帶來同樣的利益。現在市場上已經找不到可以獨步天下的產品，每種類型、每一品種、每一個甚小的市場區域，都有眾多的產品在湧人。企業品牌要脫穎而出還必須塑造差異，只有具備與眾不同的特點才容易吸引人的注意力。

⑷定位不準

或稱過分定位，即企業總希望將品牌的所有好處都告訴消費者，似乎不如此便無法打動消費者。一些異想天開的經營者，喜歡吹噓自己的產品無所不能，就像百寶箱，消費者需要什麼都可以從中找到。他們認為這樣的產品才是最受歡迎的。且不論這種產品有沒有存在的可能，單就品牌功能的「多而全」，已不能適應現代消費「少而精」的趨勢。

曾經有一種新產品——「采力」藥品，在媒體上大作宣傳：新產品能治人們的心力不足、疲憊不堪；能治頭暈、全身乏力；能治胸悶氣短、感冒，等等，特別是該產品既能治乏困、打瞌睡，又能治失眠，甚至「全身沒有一點好地方」的老太太吃了它也有療效，其成了包治百病的「萬能藥」，這種功能的定位，其市場效果可想而知。

3

品牌定位的過程

品牌定位是市場定位的核心，是市場定位的擴展和延伸，是實現市場定位的基礎。因此，品牌定位的過程也就是市場定位的過程，其核心是 STP，即細分市場(Segmenting)、選擇目標市場(Targeting)和具體定位(Positioning)，它們之間的關係如圖 1 所示。

圖 1　品牌定位的過程

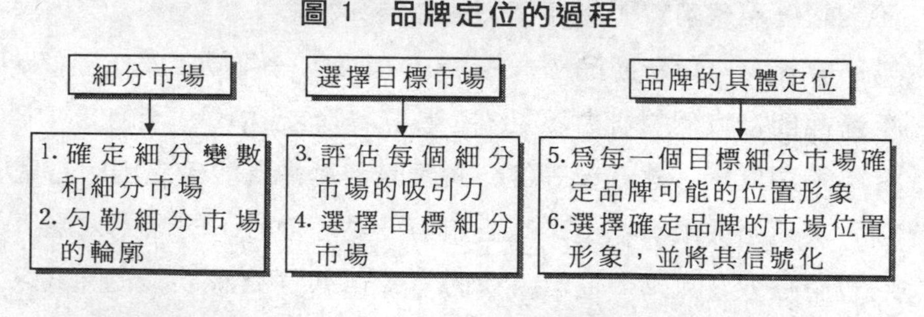

下面我們分別闡述這三個階段的具體內容。

1.市場細分

市場細分是 1956 年由美國市場行銷學家溫德爾·斯密首先提出來的一個新概念。它是現代企業行銷觀念的一大進步，是順應新的市場態勢應運而生的，是舊的行銷觀念向現代行銷觀念轉變的產物。

市場細分，是指根據消費者的不同需求，把整體市場劃分爲不同的消費者群的市場分割過程。每一個消費者群可以說是一個細分市場，亦稱「子市場」、「分市場」；各個細分市場都是由需要與慾望相同的消費者組成的。這樣，在這些被細分開的子市場之間，就找到了不同消費者對同類商品明顯不同的需求，這可稱之爲「同中求異」；而在這些被細分後的子市場之內，也能找到不同消費者對同類商品極爲相似的需求，這可以稱之爲「異中求同」。企業行銷者如此細分和認識市場之後，就可以選擇其中任何一個市場部份或子市場作爲企業的目標市場。

由此可見，市場細分的過程，也是將市場按一定標準去分割而又集合化的過程。例如，我們可以把服裝市場按照「性別」這個因素分割爲兩個分市場：男裝市場和女裝市場。如果再按照「年齡」這個因素又可分出六個細分市場：青年男、女裝市場，中年男、女裝市場，老年男、女裝市場。顯然，六個細分市場各自對服裝的款式、面料、型號、顏色、價格及變化速度有不同的要求，而每一個細分市場內的需要和偏好卻是大體相似的。這就是市場細分。

進行市場細分，不是由人們主觀意志決定的。商品是用來交換的產品，而對產品而言，只有它的具體的使用價值能用來滿足人們的一定的需要在交換中才會被人們接受。人們需要什麼樣的具體的使用價值呢？在市場上，人們的需求千差萬別，各有千秋，很難找到一個典型的或標準的顧客能夠反映整個市場的需求。現代市場行銷者不能無區別地、籠統地對待消費者，而必須根據顧客的需求與購買行爲、購買習慣的差異，將整體市場劃分爲若干個細分市場，然後根據企業的自身條件，針對不同細分市場的要求和愛好，推出不同的花色品種，採取不同的行銷策略，以滿足不同的消費者群的要求，從而運用最低的行銷費用，達到最大的行銷效果。

消費者的需要、動機及購買行爲因素的多元性，是市場細分的內在根據。如果所有消費者的需要以及購買習慣都十分相似(比方說，假設所有食鹽的購買者每月購買的數量相同，而且都要求最簡單的包裝與最低的價格，食鹽市場就具有較高的同質性)，那麼，行銷活動將十分簡單。但如果消費者之間對產品品質或數量要求極不相同(比方說，傢俱的購買者需求不同的樣式、尺碼、顏色、材料與價格，即傢俱市場呈多元性)，那麼，企業的行銷決策就需要進行市場細分，以便選擇一定的目標市場。事實上，市場因素的多元性乃是客觀存在，市場上任何一種商品或勞務，只要包含較多的顧客，便可以根據消費者的需要以及消費行爲和習慣的差異性，將其區分爲許多類似的消費者群。

2.選擇目標市場

目標市場，又稱目標消費者群，是指企業行銷活動所要滿足的市場需求，是企業決定要進入的市場，即企業的服務對象。企業的一切行銷活動都是圍繞目標市場進行的。因爲從現代企業行銷的角度看，市場是潛在購買者對一種產品或勞務的整體需求。購買者成千上萬，分佈廣泛，購買習慣和要求又千差萬別。因此，任何企業或任何產品，都不可能滿足所有購買者的互有差異的整體需求。

這就是說，某一個企業或某一種產品都只能滿足一部份買主的某種需求，而不能滿足所有購買者的所有需求。這不僅是因為企業資源有限，而且也是為了提高效率。為此，選擇和確定目標市場，明確企業的服務對象，關係到企業任務、企業目標的落實，是企業制定市場行銷戰略的首要內容和基本出發點。

一般說來，企業選擇目標市場，是在市場細分的基礎上進行的。選擇目標市場的程序是：

⑴評估細分市場，以確定目標市場。

⑵選擇細分市場的進入方式。

3.品牌定位

品牌定位的關鍵是企業要設法在自己的產品上找出比競爭對手更具競爭優勢的特性。競爭優勢一般有兩種基本類型：

①價格競爭優勢，即在同樣條件下比競爭對手定出更低的價格。這就要求企業採取一切努力，力求降低產品成本。

②偏好競爭優勢，即能提供確定的特色來滿足消費者的特定偏好。這就要求企業採取一切努力在產品特色即品牌差異上下工夫。

因此，品牌定位的全過程可以通過以下三大步驟來完成，即確認本企業潛在的競爭優勢、準確地選擇相對競爭優勢和明確顯示其獨特的競爭優勢。

⑴確認本企業的競爭優勢

這一步驟的中心任務是要回答以下三個問題：

①競爭對手的品牌定位如何？

②目標市場上足夠數量的消費者慾望滿足程度如何以及確

實還需要什麼？

③針對競爭者的品牌定位和潛在消費者的真正需要的利益要求，企業應該和能夠做什麼？

要回答這三個問題，品牌行銷人員必須通過一切調研手段，系統地設計、搜集、分析並報告有關上述問題的資料和研究結果。通過回答上述三個問題，企業就可從中把握和確定自己的潛在競爭優勢在何處。

⑵準確地選擇相對競爭優勢

相對競爭優勢表明企業能夠勝過競爭對手的能力。這種能力既可以是現有的，也可以是潛在的。準確地選擇相對競爭優勢就是一個企業各方面實力與競爭者的實力相比較的過程。比較的指標應是一個完整的體系，只有這樣，才能準確地選擇相對競爭優勢。通常的方法是分析、比較企業與競爭對手在下列七個方面究竟那些是優勢，那些是弱勢。

①經營管理方面，主要是經營者素質，包括領導能力、決策水準、計劃能力、組織協調能力以及個人應變的經驗等指標。

②技術開發能力，主要分析技術資源（如專利、技術訣竅等）、技術手段、技術人員能力和資金來源是否充足等指標。

③採購方面，主要分析採購方法、存儲及物流系統、供應商合作以及採購人員能力等指標。

④生產作業方面，主要分析生產能力、技術裝備、生產過程控制以及職工素質等指標。

⑤品牌行銷方面，主要分析行銷網路控制、市場研究、服務與銷售戰略、廣告、資本來源等是否充足，以及市場行銷人

員的能力等指標。

⑥財務方面。主要考察長期資本和短期資本的來源及資本成本、支付能力、現金流量以及財務制度與理財素質等指標。

⑦產品及服務方面。主要考察可利用的產品和服務特色、價格、品質、物流配送、支付條件、包裝裝潢、服務、市場佔有率、形象聲譽等指標。

通過對以上指標體系的分析與比較，選出最適合本企業的優勢項目。

⑶顯示獨特的競爭優勢

這一步驟的主要任務是企業通過一系列的宣傳促銷活動，將其獨特的競爭優勢準確地傳遞給消費者，並在消費者心目中留下良好的印象。爲此：

①企業應使目標消費者瞭解、知道、熟悉、認同、喜歡和偏愛本企業的產品，在消費者心目中建立與品牌定位相一致的形象。

②企業通過一切努力強化品牌形象，保持與消費者的關係，穩定消費者的態度和加深消費者的感情。

③企業應注意消費者對品牌定位理解出現的偏差並避免由於企業品牌定位宣傳上的失誤而造成的品牌訴求主題模糊、混亂和誤會，及時糾正與品牌定位不一致的形象。

4

品牌定位策略

1.品牌定位策略類型

企業常用的品牌定位的策略有以下五種：

(1)首席定位

即追求品牌成爲本行業中領導者的市場定位。如廣告宣傳中使用「正宗的」、「第一家」、「市場佔有率第一的」等口號，就是首席定位策略的運用。首席定位的依據是人們對「第一」印象最深刻的心理規律。例如第一個登上太空的太空人，第一個戀人的名字，第一次的成功或失敗，等等。尤其是在現今信息爆炸的社會裏，消費者會對大多數信息毫無記憶。據調查，一般消費者只能回想同類產品中的七個品牌，而名列第二的品牌銷量往往只是名列第一的品牌的一半。

因此，首席定位能使消費者在短時間內記住該品牌，並對以後的銷售打開方便之門。但是，在每個行業、每一產品類別裏，「第一」只有一個，而廠商、品牌眾多，並不是所有企業都有實力運用首席定位策略，只有那些規模巨大、實力雄厚的企業才有能力運作。對大多數廠商而言，重要的是發現本企業產品在某些有價值的屬性方面的競爭優勢，並取得第一的定位，而不必非在規模上最大。如七喜汽水是非可樂型飲料的第一，迪阿牌(Dial)香皂是除臭香皂的第一，等等。採用這種定位策略，能使品牌深深印在消費者的腦海中。

⑵**加強定位**

即在消費者心目中加強自己現有形象的定位。品牌是被設計出來的，當企業在競爭中處於劣勢且對手實力強大不易被打敗時，品牌經營者可以另闢蹊徑，避免正面衝突，以期獲得競爭的勝利。如美國阿維斯公司強調「我們是老二，我們要進一步努力」，而七喜汽水的廣告語是「七喜非可樂」；恒溫換氣機則告訴消費者「我不是冷氣機」等；理查遜·麥瑞爾公司明知自己的產品不是「康得」和「Dristan」的對手，因而，為自己的感冒藥 Nyguil 定位為「夜魘感冒藥」，有意告訴消費者：Nyguil 不是白晝感冒藥，而是一種在晚上服用的新藥品，從而取得了成功。

⑶**空當定位**

即尋找為許多消費者所重視的、但尚未被開發的市場空間。任何企業的產品都不可能佔領同類產品的全部市場，也不可能擁有同類產品所有競爭優勢。市場中機會無限，只看企業是不是善於發掘機會。誰善於尋找和發現市場空當的能力強，就可能成為後起之秀。例如，美國 M&M 公司生產的巧克力，其廣告語為「只溶在口，不溶在手」給消費者留下了深刻的印象；杏仁味「露露」飲料由於具有醇香、降血脂、降血壓、補充蛋白質等多種功能，因而將之定位為「露露一到，眾口不再難調」，同樣是成功的空當定位。

尋找和發現市場機會是品牌經營成功的必要條件，而空當定位策略正是捕捉市場機會的有力武器。品牌經營者可以從以下幾個角度加以考慮：

①時間空當

「反季節銷售」是利用時間空當的典型例子。有些企業在夏天推出羽絨服、棉鞋，給顧客一種便宜實用的感覺。

②年齡空當

年齡是人口細分的一個重要變數，品牌經營者不應當捕獲所有年齡段的消費者，而應尋找合適的年齡層，它既可以是該產品最具競爭優勢的年齡層，也可以是被同類產品品牌所忽視的或還未發現的年齡層。聖達牌「中華鱉精」是一種有益於中老年人的保健品，而在當時的保健品市場上，針對中老年人的保健品爲數不多，知名品牌更是沒有，此時，如果聖達牌「中華鱉精」能在中老年人心目中樹立起品牌形象，就能收到良好的效果。遺憾的是，聖達把自己的目標市場定位在了兒童這個消費者群，其訴求直接與當時實力強大的「娃哈哈」相對抗，從而失去了成爲市場「老大」的機會。

③性別空當

現代社會，男女地位日益平等，其性別角色的區分在很多行業已不再那麼嚴格，男性中有女性的模仿，女性中有男性的追求。對某些產品來說，奠定一種性別形象有利於穩定顧客群。如服裝、領帶、皮鞋等產品，由於具有嚴格的性別區分，其消費群也截然不同。常規的做法是加強品牌形象定位，強調其性別特點，如西裝領帶著重於體現男士的瀟灑高貴；珠寶項鏈等飾品是女性的專屬，但這些飾品的購買者往往是男性，向男性訴求不失為一種好的策略。

④使用量上的空當

每個人的消費習慣不同，有人喜歡小包裝，方便攜帶，可以經常更新；而有人喜歡大包裝，一次購買長期使用。利用使用量上的空當，有時能取得意想不到的效果。例如洗髮水，從2ml的小包裝袋到200ml、500ml的瓶裝，滿足了不同消費者的需要，增加了銷售量。

⑷對比定位

即通過與競爭品牌的客觀比較，來確定自己的市場地位的一種定位策略。產品、品牌成千上萬，企業要發現市場空當不是一件容易的事情。此時，企業要讓自己的品牌在消費者心目中佔有一席之地。只有設法改變競爭者品牌在消費者心目中現有的形象，找出其缺點或弱點，並用自己的品牌進行對比。例如美國溫蒂斯公司生產的漢堡包，他們在廣告中啓用一名70多歲的老太太，老太太看著某競爭品牌的漢堡包問：「牛肉到那裏去了？」使消費者對該品牌的信心大增，從而提高了自己的市場地位。泰諾擊敗止痛藥市場上佔「領導者」地位的阿司匹林，也是使用這一定位策略。泰諾在廣告中說：「有千百萬人是不應當使用阿司匹林的。如果你容易反胃……或者有潰瘍……或者你患有氣喘、過敏或缺鐵性貧血，在使用阿司匹林前有必要向醫生求教。阿司匹林能侵蝕四肢、引發氣喘或過敏反應，並引起微量腸胃出血。幸運的是有了泰諾……」以此廣告，泰諾一舉擊敗了市場第一，成為止痛藥市場的「領導者」。

⑸**高級俱樂部定位**

即企業強調自己是某個具有良好聲譽的小集團的成員之一。當企業不能取得第一位和某種有價值的獨特屬性時，將自己和某一名牌劃歸同一範圍不失爲一種有效的定位策略。美國克萊斯勒汽車公司宣佈自己是美國「三大汽車公司之一」，使消費者感到克萊斯勒和第一、第二一樣都是知名轎車了，從而縮小了三大汽車公司之間的距離，和「七喜非可樂」一樣收到了意想不到的效果。

2.**品牌定位策略的運用**

在市場中，企業數目眾多，條件各異。有的企業擁有雄厚的資金、豐富的資源，實力強大，在市場上處於支配地位、而有的企業規模小，在市場上處於被支配的地位。他們在運用品牌定位策略時，由於條件的不同會有不同的選擇。下面僅以市場主導者和市場跟隨者爲例分析這兩類企業應用品牌定位策略時的不同；

⑴**市場主導者的品牌定位**

市場主導者多數是該行業的龍頭企業，它不僅擁有相關產品的最大市場佔有率，而且在價格升降、新產品引入、分銷管道及其覆蓋面和促銷強度上佔支配地位。如電腦行業的 IBM 公司、汽車製造業的通用汽車公司、航空設備行業的波音公司、飲料業的可口可樂公司、日化洗滌品業的寶潔公司、速食業的麥當勞公司等企業的主導地位是在競爭中形成的，但並不是穩定不變的，他們往往也是其他企業挑戰、模仿的對象。在變幻莫測的市場競爭中，市場主導者的行銷戰略通常有三個重點：

①開拓市場總需求。

②保護企業現有市場佔有率。

③擴大市場佔有率。

市場下成活的企業，猶如逆水行舟，不進則退，企業一方面要防禦實力相當的競爭者的進攻，同時也要主動出擊，尋找對手的弱點加以進攻，搶佔更大的市場佔有率。

市場主導者擁有許多優勢：領導品牌、資源、市場佔有率等。事實證明，在購買時最先進入人腦的品牌，平均而言，領導品牌是其他品牌的一倍還多。除非發生重大變化，消費者在下次購買時，往往選擇他們上次所購買的品牌；而商家也更可能願意進領導品牌的貨。由於這些優勢，決定了市場主導品牌往往選擇首席定位策略：搶先一步，捷足先登，形成良性循環，在競爭中始終比對方更快、更好。

對品牌經營者而言，建立領導品牌不易，但要保持其領導地位更是不易。有些企業爲了保持其領導品牌地位，在廣告中重覆宣傳「我們是第一」，其實是一種毫無意義的做法，可能會使消費者認爲你已面臨嚴重的威脅而感到不安。

獲得領導品牌地位的主要因素是能進入人的心智，而保持此一位置繼續存在的主要因素，則是加強最初的觀念。「只有可口可樂，才是真正的可樂」這一策略向消費者表明：可口可樂是衡量一切的標準，其他品牌都是模仿「真正的可樂」。這是適用於所有領導品牌的策略，它長期在消費者心目中佔據一個特殊的位置。

領導品牌絕不是穩定不變的，企業絕不能故步自封、驕傲自大，對自己所有領域的發展置之不理。擁有領導品牌的企業應當高度關注新技術、新產品的發展，不放過任何有希望的新動向。

柯達和 3M 曾經是辦公室影印機生產的領導品牌，當時他們採用的是「加塗料影印機」，複印一份紙只需用一分半錢。當卡爾森影印機法(Carograhy Process)問世時，他們認爲消費者不會放棄一分半錢的複印而去花五分錢做一份普通的複印，因此謝絕採用這種新方法。哈洛德公司決定冒險採用卡爾森的專利，並獲得了成功，今天此公司(已更名爲全錄)已是擁有 90 億美元的巨人，比 3M 還要大，僅次於柯達，被財經雜誌稱爲：「有史以來在美國所製造的最賺錢的單項產品。」

⑵市場跟進者的品牌定位

一種新產品的開創需要花費大量投資才能取得成功，並獲得市場主導者地位，這只有少數企業能夠做到，大多數企業是從事模仿或改良產品的，並同樣可以獲得高額利潤，這些企業成爲市場跟隨者。市場跟隨者並不企圖向市場主導者發動進攻並取而代之，而是跟隨在主導者之後自覺地維持共處局面。跟隨者的品牌定位策略可分爲兩類：一類是跟在領導品牌後面進行模仿；另一類則是避開領導品牌，尋找空當加以填補，即空當定位。相比之下，後一種策略更爲有效。

比如香水，並不是品牌形象越女性化越會成功。世界上銷量最大的香水品牌不是愛佩姬(Arpeggio)，也不是香奈五號(Channel NO.5)，而是露華濃的查理(Revlons Charlie)這個充滿男性氣息的品牌。尋找空隙，就要具有反其道而行之的能力。

價格也是可利用的空當。物美價廉的觀念在社會普遍流行時，高價位就是可乘之機，在許多產品類別中虛位以待。美國的 Anhenser－Busch 用「米克勞」打入市場時就採用了內銷高價位的策略。在這個資源日益短缺的社會，人們逐漸意識到那些用過就丟的「便宜貨」是一種嚴重的資源浪費，並開始嘗試高品質產品，而高品質在消費者心目中通常意味著高價格。定價是一種優勢，尤其是當你在某一產品類別中最先建立高價位時。然而，並非所有的高價位都能成功，重要的是搶先建立高價位的位置並且要有一個有確定根據的產品故事，重要的是產品在消費者可接受的高價品牌類別之內。

同高價位一樣，低價位也是一個有利可圖的定位策略。近年來，許多無品牌名稱的食品上市，就是企業試圖在超市內探索低價位空隙的結果。

3.品牌重新定位

消費者的需求是不斷變化的，市場形勢變化莫測。一個品牌由於最初定位的失誤，或者即使最初定位是正確的，但隨著市場需求的變化，原來的定位也可能已無法再適應新的環境，此時，進行品牌的重新定位就勢在必行了。

企業如何知道已到了品牌重新定位的時候了呢？可以從以下幾種情況進行判斷：

⑴競爭者推出了一個新品牌，且定位於本企業品牌的旁邊，侵犯了本企業品牌的一個市場佔有率，致使本企業品牌的市場佔有率下降。

⑵新產品問世，消費者的品牌偏好有了變化，致使本企業

品牌的市場需求下降。

⑶環境意識普及，人們對污染環境或不能回收再利用的產品不再像以前那樣感興趣。

⑷經濟不景氣，高價位產品市場縮小。

⑸健康意識普及，人們對高脂肪、高含鹽量、高卡路里食物興趣大減。

總之，當宏觀或微觀經濟環境發生變化而且這種變化和本企業品牌相關時，品牌經營者就應著手考慮是否要改變原先的定位。可以從兩個角度進行考慮：一是通過為競爭品牌重新定位，獲得本品牌發展的空隙；二是調查研究消費者的需求，為本企業品牌重新定位。

美國 Stolichnaya 牌伏特加酒就運用了這種策略進行再定位。其廣告說：「絕大多數的美國伏特加酒，看起來似乎是俄國製造，但 Samovar 牌，在賓州史堪利製造；Smirnoff 牌，在康州哈特福製造；Wolf Schmidt 牌，在印州勞倫斯堡製造。」廣告繼續說：「Stolichnaya 牌與眾不同，是在俄國製造。」

廣告刊登後，Stolichnaya 牌伏特加酒銷量開始急劇增長。同時，在告訴消費者競爭品牌的真實面目後，Stolichnaya 還巧妙地利用了其競爭品牌的廣告樹立自己的品牌形象。

在帝俄的黃金時代，有這樣的傳說：「沙皇在人群中站立，宛如巨人。能以臍力，彎曲鐵棒，拳擊銀幣，頓成齏粉。予取予奪，視命如草芥。而其所飲之瓊漿，則為地道之伏特加酒。那就是 Wolf Schmidt 牌伏特加。」

利用競爭品牌的廣告為自己的產品定位，Stolichnaya 充分瞭解潛在消費者的心理。

品牌重新定位並非品牌更新，它並不意味著品牌經營者馬上放棄現在的品牌定位，重要的是通過解決一些問題，以保持品牌的成長和穩定。品牌經營者在重新定位時應注意以下問題：

⑴分析研究當初該品牌建立的突破點是什麼？是什麼發生了改變？

⑵不要紙上談兵，要進行市場調研，找出人們對該產品的態度是不是已經改變了，同時討論競爭者的情況。

⑶切莫過早放棄一個品牌，事實證明，當媒體談到「下一撥大趨勢」時，社會大眾並無多大興趣。

⑷不要把任何事情都視為理所當然，要時時重新評估本企業的產品售價、品質、形象，考慮是否應加強品牌形象。

⑸儘量維持一定的曝光率，不要在業績不佳或時機不好時削減投入，減少曝光率。

⑹為消費者保留該企業產品品牌的獨特賣點。

品牌案例：勞力士彰顯王者之氣

1905年，年輕的德國商人漢斯·威爾斯多夫(Hans Wilsdorf)在倫敦與當地人大衛斯(Davis)合開了一個專門出售鐘錶的公司——「W&D」公司。它就是「勞力士」的前身。

當時，威爾斯多夫以其敏銳的目光發現手錶將不可避免地成為時計產品的主流，但當時的情況是袋表剛開始向手錶轉型，由於佩戴方式的改變，新生的手錶很難適應手腕的劇烈晃動，因此手錶走時不准有如頑疾。他從瑞士訂購了一批優質機芯並安裝在自己親手設計的金制或銀製錶殼裏，很快這批「組裝型」手錶因堅固實用而倍受歡迎，公司變得門庭若市。

1908 年，公司為其產品註冊商標「Rolex」，這是「皇家」一詞的變體寫法；勞力士表最初的標誌為一隻伸開五指的手掌，它表示該品牌的手錶完全是靠手工精雕細琢的，以後才逐漸演變為皇冠的註冊商標，以示其在手錶領域中的霸主地位。

1919 年，勞力士公司離開英國遷到世界鐘錶中心瑞士日內瓦，展開了與眾多老前輩面對面的競爭。勞力士產品十分注重準確性和堅固耐用性，在不長的公司歷史中這方面的美談不勝枚舉，特別是在 1926 年以堅固的牡蠣殼為創作靈感的蠔式(Oyster)腕表推出之後，勞力士表成為各種挑戰極限人士的最愛。現在無論是南極、北極、珠峰還是馬里亞納海溝，都能見到勞力士蠔式腕表的颯爽英姿。

經過近一個世紀的努力，總部在日內瓦的勞力士公司已具有屬下 19 個分公司。年產手錶 45 萬隻左右。成為市場佔有率最大的名牌手錶之一。

關於「Rolex 勞力士」這個堪稱品牌命名經典的靈感來源，很多人也相當有興趣，甚至認為對勞力士日後的全球發展功不可沒。Rolex 易於使人聯想到英語單詞 Rolling(週而復始的轉動)，用作手錶商標十分形象，且易記憶和拼讀，詞形簡短，適於印在錶盤上。

漢斯·威爾斯多夫當年選擇 Rolex 這個品牌名字，就是希望它簡短有力、讓人容易記住。此外，在世界主要語音拼法下，它的發音一致，鏗鏘有力，擲地有聲，這對加速品牌的接受度和流行性也相當有幫助。

具有王者之氣的品牌標識，把勞力士卓越的技術水準和先進的設計理念表現得淋漓盡致。勇於創新的開拓精神，讓勞力士成了一個聞名世界的奢侈品牌，在人們心目中成爲不變的永恆。

心得欄 ----------------------------

第四步

創建品牌個性

1

品牌個性的認知偏失

在企業界甚至一些專業人士，常常將品牌個性與品牌形象、品牌定位混爲一談，在這裏，有必要予以澄清。

1.品牌個性≠品牌形象

品牌形象是指人們如何看待這個品牌，它是人們對品牌由外而內的評價。而品牌個性則是品牌所自然流露的最具代表性的精神氣質，它是品牌的人格化表現。品牌形象比品牌個性的內涵更廣，並且包涵了品牌個性的內容。

品牌形象包涵了品牌個性，但品牌個性是塑造品牌與品牌之間形象差異的最有力的武器。外表的形象是可以模仿的，但個性卻無法模仿。

2.品牌個性≠品牌定位

品牌定位是指被品牌執行者拿出來經常向消費者宣傳的品牌認同，它是由內而外的。而品牌個性卻是消費者對品牌人格化的評價，它是由外而內的。

品牌定位是確立品牌個性的必要條件。品牌定位不明，品牌個性則顯得模糊不清，產品也就無法叩開消費者的心扉。隨著科學技術和生產力的不斷發展，產品的同質化程度愈來愈高，產品在性能、品質和服務上難以形成比較優勢，只有其人性化的表現才能深深地感染人們。可以想像，一個沒有個性的品牌或產品，要想在消費者心目中佔據有利的位置談何容易。

對品牌執行者而言，他們希望品牌個性與其品牌定位一脈相承，品牌個性要反映品牌定位。如果一個產品是發動機潤滑油，它的定位是保護高性能的發動機，其品牌個性的內涵與一個溫文爾雅的商務人員就對不上茬兒，可是這樣的潤滑油的品牌個性與高速度的汽車就很匹配。如果是兒童食品，聰明和惹人愛的品牌個性似乎是與品牌定位一致的，但對於那些採取更加實際的態度，比較看重食品營養的父母來說，可能就沒有什麼推動力了。

2

創建品牌個性的要點

品牌個性塑造是企業在品牌建設中的一項非常重要的工作。

1.品牌要有特定的個性

根據對品牌個性的分析和理解，品牌個性的第一步是賦予品牌以人性化象徵，也就是說要讓品牌活起來，當我們看到或聽到這個品牌時，就像我們聽到一位朋友的名字，我們馬上會聯想到他的長相、衣著、說話的樣子、他的習慣性行爲等。因此，品牌的個性塑造的第一步就是設計出一個品牌的人格化形象。如麥當勞叔叔就是麥當勞品牌的一個人格化的形象，他是怎麼樣的呢？他是一個有趣的，甚至是滑稽的人物，像馬戲團裏的小丑，是快樂、開心的象徵，這就是麥當勞品牌的形象。當然人格化的象徵，不一定非得有一個品牌人物，也可以通過一貫的品牌形象代言人來表達，如力士的國際影星形象，象徵美麗、優雅和貴族氣質等。

其次，我們要賦予這個「人」以特定的個性。品牌個性的賦予必須以品牌的目標市場爲依據，通過對品牌目標市場的分析研究，把握目標市場消費者的個性和他們的理想自我，要把握，是滿足他們的展現真實自我的需要，還是滿足其追求理想自我的需要？還是僅僅是滿足消費者表達性需要(關心、愛護)？等等。在這個基礎上確定品牌的個性特徵，如力士品牌是用於年輕的單身女性追求夢想和自我表達的需要，目標購買者是未婚女士。而舒膚佳是適用於滿足家庭需要，是媽媽用於表達愛心的，目標購買者是年輕的媽媽們，品牌的個性是關愛、溫馨。

2.一貫性

在品牌的個性塑造過程中，還有一個原則是一貫性原則。個性的特點是內在的穩定性。內在穩定性同樣是品牌個性塑造成功的基礎，在實際的品牌個性塑造的表現上就是品牌個性表現的一貫性、持續性，一定要讓目標消費者和非目標消費者意識到品牌顯示的品牌個性，並最終認同這個特定的品牌就是這個個性。這樣，品牌產品的購買者無論是爲了表達還是展示，是自己消費還是送人，大家──消費者或其相關者，都能明瞭品牌消費者的用意。所以品牌個性塑造，需要堅持，需要長期努力。如果因爲短期效果不明顯而放棄，換一種個性，通常不會成功。因爲多個個性，就意味著沒有個性。

可口可樂告訴消費者：「他/她」就是那個給你爽感覺的「人」。在看足球比賽是，贏了──爽；比賽非常精彩、刺激──爽；從酷熱甲板跳入大海中──爽。可口可樂就是不斷給您帶來這個「爽」的體驗和感覺的「人」，並告訴您抓住這個感覺！可口可樂是什麼？不是或者說很大程度上不是飲料。「他/她」是可口的，更是好玩的、精彩和刺激的。可口可樂的個性那裏來的？答案是靠長期不懈的行銷塑造出來的。

3.品牌個性要從長計議

人的個性隨時間推移變化很慢，而且主要個性形成於 7 歲以前。同樣，品牌個性必須慢慢演變，不宜草率行事或變化無常。如果我們的朋友行爲變化無常，我們會認爲他很怪。一般而言，在人們眼中，性格大起大落、變化無常的人，輕者屬於狂躁抑鬱，重者屬於精神分裂。消費者也是如此，在與一家公司或一種產品建立起友誼之後，他們希望其形象能始終如一。與顧客建立友誼是品牌目標的一部份。當品牌個性和顧客個性彼此交融時，就能鑄就強大的品牌。

4.品牌個性要簡約

品牌個性一定不能太複雜。雖然人的個性極其複雜、難以捉摸，但是如果讓品牌個性達到複雜程度，那是徒勞的。公司常常會碰上這樣的問題，即一個品牌該有多少個性特點。這並沒有標準答案，但是一般不應該超過七條或八條，再多的話，公司就很難面面俱到地表達那麼多的個性而不把消費者弄糊塗。最好重點建立三到四項個性特點，並使之深入人心，而不要試圖通過複雜的宣傳活動來推廣十條或更多的個性。

如果品牌特點太多，就很難保持。限制個性特點的數量並不一定意味著限制品牌的表現。著名的萬寶路品牌強調力量和獨立，只有兩個特點，但是品牌管理始終相當出色，這使得它在許多年中一直保持著世界上第二大最具價值的品牌地位。

3

如何塑造品牌個性

表 6　知名品牌個性舉例

品　　牌	品牌個性
雀巢(食品)	溫馨的、美味的
LEVI'S(牛仔褲)	結實的、強壯的
諾基亞(手機)	人性化的、科技的
哈雷(機車)	愛國的、自由的
招商(銀行)	關愛的、靈活的
美的(家電)	美好的、創新的

無論品牌是產品還是公司，公司必須決定品牌應該具有什麼個性特點。建立品牌個性的方法很多。方法之一是盡可能使品牌個性與消費者的個性或與他們所追求的個性相一致。過程如下：

- 確定目標對象
- 瞭解他們的需求、慾望和喜好
- 勾勒出消費者的個性特點
- 創建相應的個性來配合這些特點

這種方法深受利維斯等公司的青睞，利維斯公司結果獲得了以下通用品牌的個性模式。

- 原創性
- 強健
- 性感
- 年輕
- 叛逆
- 有個性
- 自由
- 美國式

然後根據通用品牌個性模式確立(面向特定顧客群的)有關產品品牌個性，如給利維斯牛仔褲建立的品牌個性就包括以下特點：

- 浪漫
- 性感
- 叛逆
- 體魄雄健
- 聰明
- 獨立
- 喜歡受崇拜

以上兩組特點都是以打動人的情緒爲主，即打動人們的感情和感覺功能。這種勾勒特點的方法，目的在於強化消費者的自我認識和追求。對於採用縫隙市場戰略的品牌，這種方法尤爲理想，如果細分市場在全球的趨同性很高，就會取得極大的成功，利維斯上述案例就是如此，雖然存在文化差異，但是，青年人在愛好、行爲和追求方面仍具有普遍的一致性。

在創建公司品牌時，面向的顧客範圍更廣，這種勾勒特點的方法就行不通了。在創建公司品牌時，公司或者找出自身已擁有的行爲優勢，或者先決定公司希望表現出那些個性特點，然後在此基礎上建立相應的品牌，這也是快速建立強勢品牌的核心。例如，如果公司確定了新的遠景和使命，通常要解決的問題包括：

- 公司的遠景和使命是什麼？
- 它們對公司未來的識別特徵有何影響？
- 公司該通過什麼行動來實現它們？
- 那些個性特點會有助於完成這些行動？

例如，如果公司使命中包含社會責任感，那麼品牌個性中必須包括認真負責，充滿愛心、足智多謀、友好、穩重可靠等特點。

如果公司形象不盡人意，它也許試圖重點推出一些更有利、更受歡迎的個性，從而改變消費者對自己的看法。例如，如果公司被認爲傲慢自大，以自我爲中心它就可能希望重點建立如富有愛心、平易近人等新的特點。

確定品牌個性特點的方法不止這些，如員工意見徵詢調查、腦力激蕩等等。還有的品牌個性特點也許是公司締造者一手創立的。但是，不管它是如何形成的，對所選擇的個性必須堅定不移地加以維護。

4

品牌個性與人物聯想

品牌的真正本質就是圍繞基本產品和服務所形成的價值和效應。建立品牌個性，就是建立一種象徵，它能代表購買產品和服務的消費者的想法和追求，於是，附加內容便有了實際意義。

通過激發強烈的情感效應，品牌個性可以加強品牌與顧客的聯繫。這種效應來自於情緒感召力的拉動作用，而且，它們可以反映人的某些方面，如：

- 他們代表什麼
- 他們相信什麼
- 他們關心什麼
- 他們愛好什麼
- 他們想成爲什麼樣的人
- 他們想跟什麼樣的人相處
- 他們想有怎樣的關係
- 他們希望別人怎麼看
- 自己他們希望有什麼樣的朋友

出於這些理由或其他更多理由，人們渴望擁有著名品牌。

人們發現，品牌可以表現出他們的內在需求和聯想，以下列出的幾項便是例子：

- 忠實的朋友
- 可信賴的夥伴
- 傳統淵源
- 歸屬感
- 良好的感覺
- 夢想成真
- 真我的風采
- 忠實的朋友

人難免有時感到孤獨，需要向人傾訴。品牌可以擔當這一角色，成爲人的朋友。如果一個人長期消費某一品牌，日久天長就能形成這種關係。有人做個調查，讓消費者描述對其使用的品牌的感覺，結果引發了這類想法，比如，他們會回答說：

「你不在身邊時，我很想念你」

「跟你在一起，我快樂極了」

「我迫不及待想再見到你」

對公司的看法也有類似的情況。

品牌和一位典型消費者之間會有什麼樣的對話，這是很值得一問的問題。也許有位失望的顧客抱怨道：「我需要的時候，你總是不來幫我。」他指的是他的銀行，於是公司便發現和客戶的關係正處於糟糕的狀態。

品牌不光能成爲個人的朋友，也可以成爲家庭的朋友。早餐桌上放袋麥片，就是一道賞心悅目的風景線，而有些夫妻如果不喝雀巢咖啡，連話也懶得講！

1.**可信賴的夥伴**

隨著年齡的增長，我們要同許多人分享自己的生活。品牌也能夠擔當這樣的角色。如果得到對方的欣賞，受到對方的重視，夥伴關係便會迅速發展。當顧客步入商店，知道那裏有什麼他們鍾愛的品牌，知道當他們使用它時，其品質會一如既往地出色，於是，品牌能激發信賴、可靠的情感。公司努力提高品牌品質，就能讓顧客相信，他們倍受重視，於是關係也就愈加密切。

2.**傳統淵源**

歷史始終是我們生活的組成部份，而且將來也永遠如此。有些人非常忠實於自己的傳統，例如，有些公司就把愛國作爲品牌的個性特點。其他一些公司，如大眾汽車，則在名稱和宣傳中體現出原產國的名字。傳統的力量是與懷舊情緒的拉動作用相聯繫的。在登喜路的一些廣告中，出現的是景色如畫的英國鄉村和身價不凡的汽車，以此突出品牌故鄉的風情。

溫馨的記憶能打動消費者的心。德國大眾新款的傳世之作甲殼蟲汽車，它勾起了許多人對 20 世紀六七十年代的美好回憶。又如，萬寶龍和派克等品牌則表現上輩(祖輩或父輩)如何使用這些精緻的書寫工具，譜寫重要篇章，從而把流行與懷舊相結合。

3.**歸屬感**

雖說每個人都是獨一無二的。但每個人又都有著渴望跟他人在一起的要求。我們往往有一種要求，希望自己同其他人同屬一類，或建立聯繫，這種歸屬或聯繫可以是正式的，也可以是非正式的。我們加入俱樂部，結婚，或者成爲社會或職業團體的成員，也正是這個道理。品牌有助於滿足這種需要，它使你有機會加入你所選擇的一派。品牌個性爲塑造角色和成爲特定人群的一員提供了動力。

Body Shop 提供機會，讓你積極參加拯救環境和保護動物的行動；耐克讓年輕人成爲他們喜歡的體育俱樂部的一員，能和他們心目中的「英雄」成爲朋友；喝百事可樂，你就是「新一代」的一員。有時你會跟一些公司的總經理談話時發現，他們提到他身上的服裝品牌時，用了「我的品牌」這個詞──能成爲購買這一特定品牌的人群中一員，他很自豪。品牌能使人一下子就成爲各種聯誼團體的一員。

4.良好的感覺

品牌能以不同的方式，讓每個人獲得良好的感覺，並有機會表達這些美好的感覺，從而增強自信。例如，有人可能會感到：

- 使用了某一品牌的香水會變得性感
- 駕駛美洲豹牌汽車，派頭十足，與眾不同
- 戴勞力士手錶，能體現成功氣派
- 在亞馬遜網上書店購書，新潮時髦
- 穿上銳步跑鞋，很有運動感
- 穿上範思哲，成熟老練

品牌在人們心目中所激發的這些感覺，好就好在它們能夠得到自我實現。如果你感到自信，那麼你往往表現得更自信。

因此，品牌能夠賦予其使用者新的能力和行爲。

5.**夢想成真**

品牌可以讓人想入非非，體驗達到夢想中成功之巔後那種令人目眩的感覺。你可以打扮得跟好萊塢明星一樣，或者成爲商界精英的一員，或者穿上整套運動行頭，有如奧林匹克選手一般。連孩子們也能夠成爲他們心目中的英雄。只要買到合適的品牌，似乎沒有什麼辦不到的。如果品牌在宣傳中採用真人個性，如邁克爾・喬丹，那麼品牌就會活起來。

6.**真我的風采**

品牌能夠體現真正的你，它可以表達你的追求，也可以展示你的風采。選擇怎樣的品牌，體現了你的生活方式、希望、興趣、成功，並爲每個人提供了展示其個性的機會。你穿的衣服、開的車、點的飲料等，所有你購買的品牌構成了一幅圖畫，描繪出你是怎樣的人，你有怎樣的生活。有時候，平常所表現的「真我」與所追求的「真我」之間不完全一樣。例如，在家裏，你可能希望穿上最喜歡的牛仔褲和T恤衫，放鬆自己，這是居家的你，僅有舒服的衣服和你自己，輕鬆愜意。逢上宴會或酒會，你可能穿戴整齊，甚至服裝豔麗，因爲要向人展示老練成熟的一面。品牌就是一種載體，能讓每個人向別人展示自己平時怎樣，有時又可以變成什麼樣。品牌能夠幫助你以不同的方式說：「嗨，這就是我！」，比如：諾基亞的「自有我選擇」。

5

塑造品牌個性的 10 種方法

企業在塑造品牌的過程中，能幫助其凸顯品牌個性的方法很多，主要有以下 10 類：

1.產品特徵

在激烈的市場競爭中，產品同質化現象越來越嚴重，甚至到了難以區分彼此的地步。因此，品牌的個性樹立首先要以企業的產品或服務特徵爲基礎。如果品牌個性是創新的，那麼其產品與服務也必須具有創新性。

例如吉利公司規定，其年銷售額的 40%以上要來自過去 3 年中推出的新品；杜邦則對所有員工實行創新培訓，因爲其管理層相信，無論普通員工還是管理人員，都可能有好的創意。

2.包裝設計

產品的包裝猶如人的衣服，它不僅可以美化產品，同時也是品牌個性的體現。可口可樂是一種百年品牌的飲料，但最近，大家非常熟悉的老朋友可口可樂卻搖身一變，以全新的面容躍人人們眼簾，的確讓人眼前一亮，使可口可樂更加青春更具活力，當然也更加撩人胃口。尤其是彎曲流暢的斯賓塞字體鐃上了兩條飄帶，在視覺效果上與英文「Coca－Cola」字體更爲和諧一致，四個古舊的「可口可樂」漢字終於完成了它的使命，消失的無影無蹤。雖然，英文「Coca－Cola」字體和耀眼的紅色依然如故，傳承了可口可樂百年以來所傳達的品牌個性，但新標識仍然給人新的感覺：紅色背景中加入了暗紅色弧形線條，使原本單一的紅色變得更有動感和深度。「波浪形飄帶」的輔助圖形在原來單調的白色基礎上巧妙地添加了銀色和黃色的圖形，更具現代氣息。整體標識中貫穿著可樂冒出的氣泡，更加清新形象，形成多層次、多維的透視空間效果。

這也是可口可樂公司於 1979 年在市場以來，第一次改換中文新標識。全球市場的可口可樂都將在同一時間穿上統一的新衣，更新形象。

3.價格定位

如果企業一以貫之地堅持高價策略，其品牌很可能會在消費者心目中留下高檔、富有、略帶世故的個性；相反，如果企業喜歡運用低價策略，它的品牌則會被認爲是樸實、節約而略顯落伍。在消費者看來，寶馬和賓士就擁有高檔和名貴這樣的品牌個性，而日本車則具有經濟和實用的個性。對企業來說，經常改變價格策略是塑造品牌個性的大忌。

4.廣告風格

許多成功的品牌都會逐漸形成自身的廣告風格，且其所有的廣告也都會遵循這個風格，以使品牌個性越來越清晰。

5.使用群體

使用群體是指：實際使用某一品牌的是一些什麼人。人們一提到勞斯萊斯，自然會聯想到它的使用者——有地位、有聲望、在某一領域有卓越成就，只有錢還不行；一定是處於金字塔頂尖的人，這在一定程度上強化和再現了勞斯萊斯的個性特徵。

6.標誌符號

心理學家的一項調查顯示，在人們接受到的外界信息中，83%以上的是通過眼睛，11%要借助聽覺，3.5%依賴觸覺，其餘的則源於味覺和嗅覺。視覺符號的重要性可見一斑，而且一個成功的標誌符號可以說是品牌個性的濃縮。

蘋果電腦缺了一角的蘋果標誌，對其品牌的個性都具有強化效果。雀巢是人們熟悉的品牌，它的標誌性符號是一個鳥巢，這極易使人聯想到嗷嗷待哺的嬰兒、慈愛的母親和健康營養的育兒乳品。雀巢通過這個標誌，在消費者心中注入了慈愛、溫馨、舒適和信任的情感個性。

7.問世時間

品牌誕生的時間也會影響品牌的個性。一般而言，誕生時間較短的品牌佔有年輕、時尚、創新的個性優勢。百事可樂之所以比可口可樂更具有年輕的個性，除了它選擇了不同的廣告策略外，還由於百事可樂比可口可樂上市的時間短。而誕生時間較長的品牌則常常會給人以成熟、老練、穩重的感覺，但也可能令人覺得其過時、守舊、死氣沉沉。因此，企業需要經常給老品牌注入活力，以防止個性老化，這也是可口可樂更換包裝的原因之一。

8.出生背景

由於歷史、經濟、文化、風俗等不同，每一方水土都有自己的特色，每個地方的人也都會有個性上的差異。這些個性差異往往會影響到生長於這方水土之上的品牌。中國的香煙牌子多是來自雲南省的，所以如果香煙的產地是雲南，人們也也感覺其更地道，這就是地域文化對品牌個性的背景作用。

9.公關活動

著名的運動商品耐克公司，一直堅持只贊助體育活動原則，而對其他贊助活動從不參與，這也是爲了通過體育活動樹立其充滿活力的品牌個性。

10.企業領袖

對於大多數企業，尤其是民營企業而言，領導人往往會將自身具有的性格轉移到企業和品牌上，作爲公衆人物的領導人更是如此。比爾・蓋茨作爲全球知名的公衆人物也同樣如此，有些人甚至是因爲知道比爾・蓋茨，才認識微軟的。

品牌案例：新力獨特創造神奇

20 世紀 50 年代初，新力公司剛剛成立的時候，並不叫現在這個名字，而是「東京通信工業」。

後來，該社社長盛田昭夫在歐美旅行考察時發現，人們對他本人的名字還容易記住，但對他公司的名字，卻連發音都感到困難。

他感到，如果連公司名稱都難以讓人記住，那還怎麼做生意呢？他認為必須改變名稱。

盛田昭夫有感於RCA與AT&T這樣簡短有力的名字，決定將公司名稱改成四五個英文字母拼成的名字。作為公司名稱與產品品名，一定要令人印象深刻。

此時，他正好獲得了生產美國半導體收錄機的專利權，準備製造半導體收錄機，向世界銷售。於是他們決定趁這個機會換一個新的名稱。

從前，他們製造過盒式錄音帶，曾取「sonic」(音波)的「soni」一詞，將新產品命名為「soni 盒式錄音帶」。盛田昭夫和另一個創始人井深大，由此聯想到拉丁文「Sounds」一詞，這個詞有聲音的意思，與公司產品性質相符合。他們將它英語化，受盛田先生最喜歡的歌「陽光男孩」(Sunny Boy)的影響，改成了「Sonny」，其中也有可愛之意。但是日文發音的「Sonny」意思是「賠錢」，為適應日本文化，他們把第二個「n」去掉，這樣，新力(Sony)的大名終於誕生了，它念起來像英文又不是英文。

不久，「新力」這個品牌名稱就在社會上傳播開來。

這時，在日本同時出現了好幾家以「新力」命名的公司，如「新力」食品公司，「新力」巧克力公司等。盛田昭夫他們為了保護公司的品牌，又向法院提出上訴，要求法院根據「防止不正當競爭法」來制止其他公司使用「新力」這個名稱。

被告一方，查遍了世界上各種字典，都沒有查到「新力」這個詞，只好接受法院這個判決。這在日本還是惟一的一次判例。

新力公司不久就成了世界上生產半導體收錄機、錄影機、彩色電視機等大型跨國公司之一。從 1960 年開始，在美國發行股票，1970 年在美國紐約證券交易所上市。

現在新力公司的買賣 70%在國外，並在美國設有工廠，美國賣的新力公司的彩電完全是在美國製造的，英國每年出口的彩電中 1/3 是新力公司的產品，因此受到了英國政府的表彰，它的產品獲得了可以在 5 年內貼上英國皇家「皇冠」標籤的殊榮。

在某種程度上，品牌形象比產品形象更爲重要，因爲產品是可變的，品牌是不變的。而建立品牌形象的第一步，就是要起一個好的名稱。「新力」這個名稱不僅含有與產品相關的意義，又有自己的獨創性，而且簡單、響亮、易記，也沒有與日本的風俗習慣相悖，可以說是一個很完美的品牌名稱了。

心得欄 ------------------------------

第五步

塑造品牌形象

1

品牌形象的認識偏失

近年來，品牌形象已成爲一個時髦的名詞活躍在企業界，對品牌形象的眾說繪紜，使人們對品牌形象產生了許多錯誤認識，爲此，有必要予以澄清，以便於對品牌形象有個正確理解。

1.將品牌形象等同於品牌識別

品牌形象的基石是品牌實力，是雄厚的產品實力，是良好的產品形象。品牌標識系統僅僅是品牌形象的一個重要組成部份，是品牌形象的外在表現。品牌持久的魅力來自於其堅實的產品品質、企業文化和不斷隨市場變化而進行調整和創新的經營思想。把品牌形象等同於品牌標識系統，只追求品牌的外在形象而忽視其內在魅力是一種短視的做法。正如真正的美女不僅在於其完美無暇的五官和身材，更在於其或婉約典雅如幽谷百合或嬌豔動人如雨後牡丹的氣質。

2.品牌形象朝令夕改

品牌形象是消費者當前對品牌的整體感覺，例如麥當勞的品牌形象：更多美味、更多歡笑就在麥當勞。堅持統一的品牌形象是國際知名品牌成功的重要原則之一。擁有百年輝煌歷史的可口可樂，上百年來一直強調它是「美味的、歡樂的」，從未更改。

但並不是所有的品牌經營者都意識到了這條重要原則。當企業經過宣傳之後市場沒有反應或者當銷售額下降，市場佔有率日益縮小時，企業往往習慣於重塑品牌形象，想到是否原來的品牌形象已不再適應目前的市場形勢。不能否認，有時改變是必須的，重要的是不要盲目變動，隨意更改。經驗告訴我們，如果品牌形象朝令夕改，最終將無法建立強勢品牌。

堅持品牌形象的統一，包括堅持橫向的統一和縱向的統一。橫向統一是指在一個時期內，產品、包裝、傳播、推廣各環節一系列品牌行爲應圍繞一個主題展開。縱向統一是指在不同的時期，堅持同一個主題、同一種風格。品牌形象的樹立不是朝夕之間可以實現，它需要企業所有的人所有的行爲都堅持朝一個方向努力，讓每一種品牌行爲都成爲品牌資產積累的一個組成部份，讓點點滴滴的品牌活動都成爲品牌資產的積累和沉澱。

3.品牌形象的老化不可避免

許多人包括一些企業家認爲，品牌形象的老化，是環境和市場所致，是品牌自身的發展規律，沒有什麼辦法可以改變。其實這是一種認識偏失。

品牌和產品不同。產品的發展要經歷導入期、成長期、成熟期、衰退期四個階段，這是一個產品的生命週期，就如人之生老病死一樣是一種規律。但品牌不是產品，它一旦建立，就可以以它強大的生命力跨越生命週期的限制，發揮其不可替代的持久力。某些歷經百年不衰的國際知名品牌就是最好的例證。

現代社會是一個不斷推陳出新的社會，消費者總是在不斷追求更好的、更新的產品，期待著功能更好、更強、能滿足更多選擇的品牌。如果企業產品缺乏創新，一成不變，其品牌也會被人們視爲「陳舊、落後、老土」而被拋棄。同時，在品牌宣傳上，如果品牌表現缺乏時代感也會被視爲「落伍、過時」的。市場不是靜止的，品牌並非存在於一個時間的膠囊中。在日新月異的今天，消費者的品位在不斷變化更新。如果在很長的一段時間裏，企業仍沒有告訴消費者自己存在和發展的消息，那麼很快它就會被拋進歷史的記憶裏。

2

品牌形象塑造的途徑

1.推行品牌經營戰略

在產品力時代，產品品質是企業成敗的關鍵，能否提供市場需要的產品，能否不斷進行產品創新決定了企業競爭力的強弱。然而現在社會已進入品牌力時代，品牌的競爭優勢取代產品的競爭優勢成爲決定企業勝負的關鍵。品牌形象的塑造需要企業全體員工長期的堅持努力，一個缺乏品牌經營意識的企業在塑造品牌形象時不可能取得成功。

2.重視產品創新

產品形象是品牌形象的內在表現，企業品牌形象的好與壞，取決於產品的水準和品質。爲此，企業必須積極引進高科技人才和管理精英，大力推進產品的科研、開發戰略、用新材料、新技術、新設計的產品形象滿足公眾不斷變化的社會需求。即使如麥當勞、肯德基這些講究產品標準化的西式速食店，在爭奪潛在消費者的戰爭中，也十分注重產品的創新。

麥當勞相繼推出了海鮮蛋蔬湯、椰子味新地和申奧套餐等新產品，肯德基也不甘示後，推出雀巢檸檬茶相對抗。不斷進行產品創新，爲消費者提供優質產品，這是強化品牌實力、樹立品牌優勢的關鍵，也是塑造品牌形象的根本。

3.重視企業品質保證體系的構建

品質保證體系是體現企業服務和品牌形象的重要方面。在購買時，大多數消費者比較注重產品的功能、型號、造型設計甚至包裝等直觀性指標，而不太關注深層次的品質指標。但是企業永遠應走在市場需求的前面，隨著時間的推移，消費者對於產品的品質指標就會高度敏感，高品質的產品保證體系會強化品牌形象，產生良好的品牌信譽。

4.重視品牌的包裝設計

品牌標識系統是品牌形象的一個重要構成要素，包括品牌名稱、標誌、包裝、裝潢等品牌的外觀設計。在國際市場上，許多產品無論是其功能、品質還是技術含量都毫不遜色於國外產品，但其價格和市場佔有率卻遠遠低於國外品牌的同類產品，原因何在？就是因爲品牌標識系統粗糙所致。

我國出口的商品是「一流品質、二流包裝、三流宣傳、四流價格」。包裝本來是爲了保護和美化商品，促進銷售，是吸引消費者注意力的第一要素，二流的包裝不僅起不到美化商品的作用，反而成爲塑造品牌形象的一大障礙。

5.重視品牌定位策劃

品牌定位就是選擇企業的目標市場並把和目標市場相關的品牌形象傳遞給消費者的過程，因此，品牌形象的塑造離不開品牌定位，偏離了目標市場的品牌形象不可能是成功的品牌形象。

品牌定位必須清楚、明白，使消費者能在豐富多樣的商品中迅速分辨出企業的品牌形象。品牌形象的定位直接決定和影響著一個品牌能否塑造出良好的品牌形象。定位失誤，各方面工作即使做得再好，也不能塑造出良好的形象。例如，面對柯達、富士兩個品牌的強勢進攻，樂凱公司經過分析，最終確定為「低價位，以農村包圍城市」的品牌定位，結果在激烈的競爭中生存下來，維護了當地品牌的地位。

6.強化品牌忠誠度

品牌忠誠度表明某種品牌在公眾中受歡迎的程度。品牌忠誠度的高低和品牌形象息息相關，良好的品牌形象促使消費者重覆購買某一品牌。挑選的時間較短，表明忠誠度較高；反之，則忠誠度較低。企業塑造品牌形象是爲了提高消費者的品牌忠誠度，提高其重覆購買的頻率。

爲了強化品牌忠誠度目標，企業必須做好以下幾個方面的工作：

- 樹立「顧客至上」觀念，營造「顧客至上」的環境。
- 妥善處理顧客的不滿與意見，提高顧客滿意度。
- 努力提高產品的科技含量，建立完善的服務體系以及運用適當的行銷策略。
- 注重企業文化建設以及品牌形象的塑造。
- 預測消費者需求及變化，運用創新方法超前滿足顧客需求。

7.重視品牌管理

品牌形象的塑造，離不開品牌管理。品牌形象的樹立不易，但維護更爲不易，品牌是一種脆弱的東西。

對於企業而言，建立了品牌形象並不就是萬事大吉了，品牌管理是貫穿企業全部的持續性與穩定性；在空間上，要不斷開拓市場，提高市場佔有率；注重謀求經濟效益，提高品牌的價值效應；在社會形象上，企業應積極參與公益活動，不斷提高品牌的社會聲望。

3

價格遊戲有損品牌形象

1.降價難以保證服務

誠然，每次降價的確會促進汽車銷量的增加，但是接踵而來則是市場的低迷蕭條，再掀起一輪新的降價嗎？如果可以的話，消費者有理由懷疑其當初定價的合理性，或者擔心其產品品質的一致性！企業的目的在於利潤，沒有利潤的企業不可能生產出好的產品，研發是需要投入的，生產技術改進和品質的提升，包括成本的下降也是需要持續投入的。降價當然也難以保證對於汽車維護服務方面的承諾。

2.價格遊戲有損品牌形象

對於廠商而言，頻繁降價的結果會導致對品牌的傷害。一些手機廠商引起新型手機之初，制定一個虛高的價格，然後一年期間連續降價，不僅促進了銷量，還可以大賺消費者的眼球。

殊不知，這不僅對其樹立長期品牌不利，而且大大傷害了已經購買手機的消費者。樹立手機品牌的信任，需要長期務實地爲消費者做一些實事，沒有品牌可以通過製造噱頭樹立起來的；另外現有使用者爲品牌樹立的良好口碑，對其也是至關重要的，如果傷害了現有的使用者，談何樹立口碑呢！選擇一個品牌，實際是選擇一家廠商，選擇對其的信任。

3.頻繁降價傷害消費者利益

對於消費者而言，頻繁降價或許還會導致消費者利益的受損。廠商成本的下降是有限的，倘若廠商在品牌價格中做出了讓利，那它肯定要犧牲掉消費者的其他的利益，或是從服務上找，總之，吃虧的還是消費者。這樣的例子，在車市上顯然也並不少見。

因此，盲目頻繁的價格遊戲是對消費者的欺騙。

心得欄 ------------------------------

4

品牌形象更新策略

1.**名稱更新**

如果現有名稱已不能詮釋品牌的內涵，那麼就有必要進行更換。聯想英文名稱更換的一個重要原因便是如此，特別是在聯想的數碼相機、MP3、手機等業務日益壯大起來，創新、活力、動感才是聯想新標誌所要體現出來的，而以往高科技的聯想、國際化的聯想、服務的聯想戰略定位也會被重新升級一個版本。

在這種情況下，原來的英文名稱「Legend(傳奇)」已不能適應形勢的發展，於是，聯想將 Legend 更名爲 Lenovo，應該說，新品名較好地體現了聯想品牌的內涵，其中的「Le」取自原來的「Legend」，繼承「傳奇」的意思，「novo」是一個拉丁詞根，代表創新之意。「Lenovd」寓意爲「創新的聯想」。

2.**產品更新**

透過產品的更新來更新品牌的形象。推出新產品以改變消費者對品牌保守的形象認知。當然新產品要在行業內具有一定的技術領先性，新產品的推出要有的放矢，要與品牌的核心理念一致，並是對品牌形象的昇華。寶潔成功的里程碑也皆由產品的創新刻劃。寶潔在全球擁有超過 2500 項的專利，7000 位科學家供職於全球 17 個產品研究中心，寶潔認爲「爲消費者提供更好、更新的產品」是它成功的根本原因。

產品包裝被稱爲是「無聲的推銷員」，它是消費者在終端所見到的最直接的廣告，是產品在貨架上的形象代言人。通過包裝的改變，也可以帶來品牌形象的改變，全球著名品牌百事可樂便是靠包裝絕處逢生。

百事的領導人古茲曾發誓要讓百事可樂有朝一日取代可口可樂，成爲國民第一飲料。他將百事的配方進行了改變，把胃蛋白酶成分去掉，將百事變成了一種純粹的飲料了。這樣一來，百事可樂的味兒與可口可樂相差無幾，一些零售商見百事可樂不如可口可樂好銷，就把百事可樂灌到可口可樂的瓶子裏去銷。這件事很快便被可口可樂發現並引起訴訟，百事可樂的日子一天比一天難過，1932 年，古茲希望以 5 萬元的價格出售百事公司，但可口可樂沒有接受。

百事可樂只有破釜沉舟、背水一戰，於是在包裝上下起了功夫，發動了一場大容量的戰略進攻，希望通過擴大容量來改變業已形成的品牌形象。百事的訴求概念是：同樣是 5 分錢，原來只可買 6.5 盎司一瓶的可口可樂，現在卻能買到 12 盎司一瓶的百事可樂。這個策略被運用到電視廣告中予以表現，在一首「約翰・皮爾」的流行歌曲中唱道：「百事可樂不多也不少，滿 12 盎司讓你喝個夠。也是 5 分錢，可飲兩倍量。百事可樂——屬於你的飲料。」

可口可樂在這場進攻中被逼得走投無路，因爲他們不可能改變瓶裝量，除非下決心丟棄 10 億個左右的 6.5 盎司的瓶子；

也不能降低售價，因爲市場上已有數十萬台可用 5 分幣投幣購買的冷飲購買機無法改造。包裝的改變使百事可樂絕處逢生，1936 年賺了 200 萬，1937 年更賺了 420 萬，到 1953 年可口可樂的銷售量下降 3%，而百事可樂的銷售量增加了 12%。

不僅是百事可樂，可口可樂有時也會適時地對包裝進行更新，2002 年春節到來之際，可口可樂公司推出了一款鄉土味濃厚的「泥娃娃阿福賀新年」的大塑膠瓶包裝。在可口可樂的包裝瓶上，一雙金童玉女正懷抱可口可樂瓶，笑容可掬，在新年熱鬧的市場上顯得親切醒目。喜洋洋的泥娃娃「阿福」因能增添喜慶氣氛深受喜愛和推崇。將可口可樂與中國特色相結合，以新年吉祥的本土形象與消費者達到進一步溝通。

3.口號更新

最近麥當勞推出了全新的品牌口號「我就喜歡」，並將用了幾十年的紅色標誌改成了黑色，錄製了新的廣告歌曲進行宣傳。

與肯德基定位於成人相區別，麥當勞一直以小孩以及家庭作爲主要目標人群，因此其標識以溫馨的黃色和鮮豔的紅色爲主，應該說，原有形象在很大程度上幫助並見證成長。而現在，麥當勞將用了幾十年的紅色標誌調整爲黑色，並推出「我就喜歡」這樣個性化的口號，從側面反映了其品牌戰略的變化：即麥當勞將會把市場行銷的重點從過去的小孩及家庭集中到時尚活力另類的年輕一代消費者身上——麥當勞長大了。其全新的品牌形象「我就喜歡」，就是針對年輕人量身定做的。因此，我們看到現在的口號和標誌，融入了更爲時尚、活力的元素，效果更具動感。

爲了配合其針對年輕人的戰略轉移，麥當勞請出了年輕人的偶像王力宏，推出了新的廣告歌曲。王力宏之所以被選中，主要是因爲他年輕、時尚、充滿活力的形象與麥當勞的新品牌形象「我就喜歡」很吻合，能夠對品牌形象起到強化作用。

GE 電氣的故事可以說明品牌口號在改變品牌形象過程中的決定性作用。GE 電氣一直在公司的標語中強調「科技」，然而，在調查中發現，GE 電氣給人的印象是「古板、機械、冷漠的」，最後，使用了「將好的東西帶到生活中」這個口號，成功地將 GE 電氣塑造成爲一個有情感、有愛心、關心生活的親切品牌形象。

4.形象代言人更新

從 1924 年創立到 1954 年，萬寶路一直是作爲一種女士香煙出現在世人面前的，萬寶路的英文名 Marlboro 便是「男人總是忘不了女人的愛」的意思，當時的廣告口號是「像五月的天氣一樣溫和」，追求的是一種優雅、閒適的風格，但萬寶路並沒有得到女士們的愛，一直默默無聞了三十年。

1954 年，萬寶路決定變性，廣告採用硬錚錚的男子漢作爲形象代言人，以改變其女性化的形象。受美國電影的西部片影響，這個男子漢的形象最後定位美國牛仔身上：一個目光深沉、皮膚粗糙、渾身散發著粗獷、豪氣的英雄男子漢，袖管高高捲起，露出多毛的手臂，手指總是夾著一支冉冉冒煙的萬寶路香煙。他上馬的姿勢、騎馬的神態、溜馬的手式，這一切都具有男子漢氣魄。1955 年以來，萬寶路經常到美國最偏僻的大牧場去物色這種「真正的牛仔」，我們經常在萬寶路廣告中看到的一個牛仔形象便是他們 1987 年在西部的一個大牧場拍外景時發現的。

在堅持傳播了數十年後，萬寶路粗獷、陽剛、豪邁的形象已經深入人心，如今，只要在戶外看到一幅有牛仔的看板，根本不用印上標識或另作說明，大家就知道這是萬寶路的廣告。

5.標誌更新

標誌實際上只是品牌與消費者溝通的一種方式。作爲品牌訴求對象的消費者，是不斷在變化的，不斷有老的消費者消失，也不斷有新的消費者加入，如果品牌不能根據消費者的變化，適時地對標誌進行調整，就會出現溝通障礙，面臨失去新的消費者的危險。

原來的雪碧視覺標識「水紋」於 1993 年開始在全球使用，2000 年將它調整爲純綠色，它在很大程度上幫助並見證了雪碧品牌的成長。但是隨著時間的推移，標誌的現代感有待加強。於是，雪碧新標誌中最大的變化體現在背景設計和顏色組合上：原有的「水紋」設計被新的「S」形狀的氣泡流設計所取代。「S」恰好是「Sprite」的第一個字母，與原有設計相比更具流線動感、更現代時尚，也使雪碧的包裝更加醒目。同時新的標誌也將雪碧「清爽」的特點和它給大家帶來的自信、樂觀等特性表現得更爲突出。

雪碧的換裝其目的絕不僅在改換舊標識上。顯然，新標識傳遞的品牌元素是雪碧在加強其市場戰略的一個信息，雪碧將會把市場行銷重點集中到自信的現代消費者身上。爲了配合新標識的推出，可口可樂公司增加了雪碧品牌的投入，包括全新廣告片的製作和迅猛的促銷活動，以及加強對中小城市市場的覆蓋等。

品牌案例：米其林輪胎人的迷人微笑

1898 年，在里昂的一次「萬國博覽會」上，米其林兄弟發現展臺入口處有許多不同直徑的輪胎堆成了小山，很像人的形狀。不久後，畫家歐家洛就根據那堆輪胎的樣子創造出一個由許多輪胎組成的特殊人物造型，於是，米其林輪胎人——「必比登」誕生了。它成為米其林公司個性鮮明的象徵。

從此米其林輪胎人便開始出現在海報上，它手擎一隻裝有釘子和碎玻璃的杯子說道:「Nunc est bibendum」。這句意為「現在是舉杯的時候了」的拉丁語來自古羅馬詩人賀拉思的一句頌歌，寓意是米其林輪胎能征服一切障礙。

這句話立刻成為一句口號，在幾個月的時間裏，「米其林輪胎人」被明確地以法語命名為「Bibendum」，即必比登。出生才幾個月的小傢伙在小小的自行車和汽車界，已成了米其林的象徵。

它有時有點魯莽，有時很熱心，有時厚著臉皮，有時開朗，有時又是一個出色的老師，常常出其不意，帶給人快樂。

1891 年至 1900 年期間，隨著自行車和汽車業的迅猛發展，米其林兄弟的小小輪胎廠的營業額從 46 萬法郎上升到 600 萬法郎，一躍成為當時的先驅者。重量級廣告人物必比登也一步步緊隨著公司前進，幽默地向顧客介紹米其林輪胎的經濟實惠、安全舒適。

一個多世紀以來，必比登以它迷人的微笑，可愛的形象，把歡樂和幸福帶到了世界的每個角落，已經成為家喻戶曉的親善大使，米其林也因此而揚名天下。

20 世紀末，由一些著名藝術家、設計師、建築師、零售商、廣告與發行者組成的國際評審團在對本世紀 50 個最佳企業標誌的評選中，魅力十足的必比登最終征服了評委們的挑剔眼光。

這個小小的輪胎人，可以說是米其林輪胎的品牌標識，它利用人格化的方式，塑造了一個個性鮮明的人物形象，同時也代表了品牌形象，讓人輕鬆地記住了米其林的名字和形象，並喜愛上了這個品牌。可以說，這個小小的輪胎人爲米其林輪胎的發展做出了巨大的貢獻。

心得欄

第六步

品牌認知與品牌聯想

1

品　牌　認　知

1.什麼是品牌認知

品牌命名是獲得良好品牌認知的重要環節之一。品牌認知是消費者認出、識別和記憶某品牌是某一產品類別的能力，從而在觀念中建立起品牌與產品類別間的聯繫。比如 Epson(愛普生)是 SEIKO(精工)的子品牌，但 Epson 一般作爲印表機品牌，而 SEIKO 作爲手錶品牌爲消費者所熟知。

品牌認知有一個由淺入深的變化過程，品牌認知在品牌資產中的角色依賴於獲得認知的程度。具體可由品牌認知金字塔來表示，在圖 2 中，最底下一層是「品牌無意識」，即對某品牌無任何瞭解，處於完全不認知狀態。對品牌有所認知的程度可分成 3 個層次：

圖 2　品牌認知金字塔

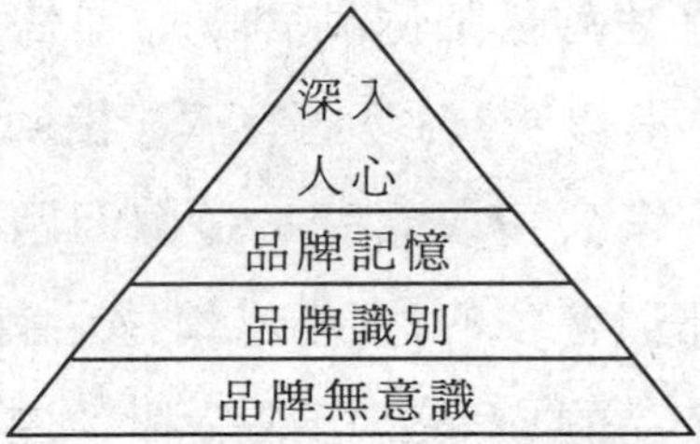

深入
人心
品牌記憶
品牌識別
品牌無意識

⑴品牌識別，是品牌認知的最低程度，處於「品牌無意識」的上面一層

在測試中，給被測試者某一產品類的一系列品牌名稱，要求將產品類別與品牌聯繫起來，但不必十分強烈。它是一種有提示的需要幫助的記憶和識別。有無品牌識別對消費者選擇品牌非常重要。在品牌競爭時代，如果沒有品牌識別，幾乎不會有任何購買決定的產生，更不會發生購買行爲。

⑵品牌記憶，它比品牌識別要高一個層次，處於「品牌識別」之上

它是建立在消費者自主記憶的基礎上的。被測試者得不到一系列品牌名稱的提示，是一種得不到幫助的記憶，即自我記憶或自主記憶。品牌記憶是比品牌識別更高一個層次的品牌認知。有品牌記憶必定是消費者很熟悉的品牌，能夠明晰地存在於消費者記憶中的品牌具有更強大的品牌位置。

⑶品牌深入人心是品牌認知的最高程度，在圖中處於金字塔的頂端

深入人心的品牌是消費者最熟悉、最認同甚至最喜愛的品牌。它是被測試者在無任何提示的情況下，脫口而出所回答出的第一個品牌，也是衡量某個品牌「心理佔有率」和「情感佔有率」的最重要的指標。「心理佔有率」指回答「舉出這個行業中你首先想到的一家公司或品牌」這個問題時，提名該企業或品牌的顧客在全部顧客中的比例。「情感佔有率」指回答「舉出你最喜歡購買其產品的一家公司或品牌」這一問題時，提名該企業或品牌的顧客在全部顧客中的比例。當然，可能會有緊跟其後的另一個或幾個品牌。

在中國，速食麵總是和康師傅、統一聯繫在一起。美國消費者在表達複印 copy 的含義時，有時甚至用 Xerox(施樂)直接代替。這種品牌在消費者心目中印象最深、影響最大。深入人心的品牌無疑在消費者心目中處於一種特殊的位置。

消費者在購買商品或服務時，面對眾多品牌，他們往往選擇自己最熟悉、最喜歡的品牌。因此，能被人們記住的品牌，尤其是深入人心的品牌，在消費者的購買決策中起著至關重要的作用。

2.品牌認知產生價值的方式

⑴品牌認知是品牌聯想的前提和基礎

品牌識別是與消費者交流工作的第一個基本步驟。對於一個新產品或新服務，需要特別關心是否能夠得到識別。沒有識別，幾乎不會有任何購買決定產生。而且，如果沒有達到品牌識別的程度，消費者想要瞭解新產品的特點和優點是很困難的。品牌識別建立起來以後，剩下的工作就是將其與一些新的聯想相連，比如說產品的某個特性，並逐漸形成記憶。就像在腦海中新建一個文件夾，再把相關的內容充實進去。

⑵**熟悉產生好感**

對品牌識別的研究還發現，品牌的反覆出現可能影響人們對品牌的好感。識別可以提供品牌一種熟悉感，這種熟悉是有價值的，尤其對那些價格較為低廉的日用消費品，如口香糖、香皂、紙巾等，熟悉有時已足以促使作出購買決定，特別是對性能缺乏有效評價時。

⑶**有實力的感受和信號**

品牌認知可能給消費者提供品牌或相關企業有實力的信號，這在進行大宗採購的生產者市場和對耐用消費品的購買者來說都可能是非常重要的。一個對品牌的具體事實所知甚少的買家，品牌認知可能導致這樣的推測：該企業是有實力的；大企業才會用廣泛的廣告宣傳對品牌進行支持；甚至產生這一品牌很成功的印象——因為別人都用它。在大宗的複雜購買決策過程中，如果一個品牌作為替代的選擇在提出之前完全不為人知是不可想像的。品牌認知帶來的熟悉度和有實力的感覺可能導致完全不同的決定。在廣泛的分析後沒有明顯的贏家時，不論是選擇住宅用商品房還是選擇一家廣告服務提供商，品牌認知的力量可能是至關重要的。

⑷**進入被消費者考慮的系列名單**

消費者在商品的選購過程中，往往會在一組品牌中進行選擇，一般都會有三四個供考慮的對象。如何在眾多的品牌中被選人這個被考慮的系列並最終產生購買行爲，品牌記憶和深入人心可能發揮了重要的作用。出現在腦海中的第一家公司擁有最大的優勢，而一個缺乏印象的品牌可能不會有什麼機會。這種情形非常普遍，因爲在人們去商店進行購買活動前常常已作出了選擇什麼品牌的決定。試想一下你要去超市購買即溶咖啡，或者去社區藥店購買治療感冒的非處方藥，結果會怎樣呢？當然，消費者也會記得一些他們很不喜歡的品牌，但一般而言，對那些沒有記憶的品牌往往不在被考慮的系列中。

綜上所述，品牌認知可以給產品帶來附加值從而提升其競爭能力。相關研究還表明，品牌的知名度和美譽度聯繫緊密，且呈一定的正相關；同時，高度的品牌認知，也是在行業內品牌延伸的成功基礎。不過對新產品而言，認知固然重要，但其本身卻並不能創造銷售量，認知並未給消費者提供足夠的購買理由。

3.獲得認知的方法

品牌認知必須在商品或服務具有穩定品質的前提下，通過廣告媒體和公共關係進行宣傳和傳播，使之爲廣大消費者所知曉。因此，要提高品牌認知程度，需要進行資金投入，並且要研究如何提高宣傳效果，以較少的費用獲得較高的認知程度。品牌認知包括識別和記憶兩個方面，在獲得一致公認的品牌名稱以外，還需將其和產品類別聯繫起來。

⑴引起注意

品牌認知的信息應該獨具一格，與眾不同；能引起人們的特別注意，使人難忘；和競爭品牌差異明顯；而且這種注意要與品牌所代表的商品或服務項目聯繫起來。「娃哈哈」飲品、「農夫果園」果汁、「蒙牛」牛奶等等，都是很快就能引起消費者注意的品牌。

⑵**突出標識**

品牌認知的信息要求品牌的標誌和標識物鮮明醒目，給消費者以強烈的印象。如麥當勞的「M」形金色拱門和麥當勞大叔的形象，三菱公司的菱形組合標誌，三九集團的「999」標誌等都很有特色，如果能夠不斷加深識別印象，就可通過標識的視覺傳達而聯想到品牌及其所代表的產品。

⑶**出語不凡**

標識語要能打動人心，給受眾以親和力和認同感。冷氣機公司的「只要你擁有春蘭冷氣機，春天將永遠陪伴著您」，給人一種溫馨和溫暖的意境。汽車公司在進入市場的初期以「車到山前必有路，有路必有豐田車」開闢市場，印象深刻。

⑷**重覆宣傳**

品牌認知由識別到記憶直至深入人心，需要多次重覆，長期宣傳。識別需要重覆，記憶需要重覆，深入人心更需要重覆。只有反覆宣傳，才能爲人們所熟悉。此外，提高品牌認知程度還可以通過開展公關活動、品牌延伸、特色包裝、舉辦展覽、專項推銷等等多種形式來擴大品牌的影響，提高其認知度。

2

品 牌 聯 想

1.什麼是品牌聯想

品牌聯想是指人們的記憶中與品牌相連的各種事物。一個品牌可以同一種事物相聯繫，也可能同許多種事物相聯繫。與品牌相聯繫的各種事物，都對品牌產生一定的想像力，從而加深品牌在消費者心中的印象。一個品牌的正面聯想愈多，其對市場的影響力就愈大。一些著名品牌往往在消費者心目中有很多的聯想和想像，通過品牌聯想和其目標消費者形成一系列的聯繫。這種聯想和想像通過一些有意義的方式組織而成。

例如，麥當勞品牌經研究有 20 個主要的聯想和 30 個次要的聯想。這些聯想被組成有意義的組群，如孩子集合、服務集合和食物集合等，從而有利於品牌形象的形成。一提到麥當勞，消費者尤其是孩子們的心中就會出現金拱門、麥當勞大叔、牛肉漢堡、炸薯條、麥香雞等形象，還有麥當勞玩具、麥當勞娛樂場、麥當勞競賽、麥當勞生日聚會等等。品牌的根本價值常在於其聯想的集合對人們的意義。

品牌聯想雖然反映在人們的意識中，但它卻是客觀存在的，並具有強大的作用力，它幫助消費者得到信息，造成消費者對品牌特定的感覺，有利於確立品牌個性與強化品牌形象，從而建立強有力的市場競爭優勢，也有利於品牌的進一步發展。

2.品牌聯想產生價值的方式

品牌聯想可以創造價值，且聯想的集合具有明顯的資產價值，因爲聯想往往能給消費者提供購買的理由。品牌聯想有以下創造價值的方式：

⑴幫助得到信息

一個品牌聯想，對於消費者來說可以創造一個簡潔的信息，可以總結出一系列的事實和規範，還可以影響到信息的回憶。提及海飛絲這個洗髮水品牌，就使消費者聯想到「頭屑去無蹤」，品牌聯想幫助消費者獲得有關的信息，對購物選擇提供方便，否則消費者購物因缺乏信息而變得十分困難。

⑵區別品牌

品牌聯想有助於把一個品牌與其他品牌區別開來，它也是品牌定位時差異化的重要依據，不同聯想是提供這種區隔的重要基礎。一個良好定位的品牌必將佔據一個由強勁的聯想所支持的有競爭力並吸引入的位置，比如提供「友好的服務」或者「科技使生活更美好」。一些行業和產品如酒、香水、化妝品、時裝等，市場上眾多的競爭品牌對於消費者來說是難以區分的，而品牌聯想卻能在品牌區隔中擔當極其重要的角色。

⑶影響購買行為

品牌聯想往往涉及到產品特徵或和目標消費者的個性特徵相關聯，這就能爲消費者購買某一品牌提供一個特別的原因或理由，同時促進品牌個性的形成。高露潔牙膏、中華牙膏以使牙齒潔白而享有盛譽，佳潔士則以防齲齒爲其主要賣點，冷酸靈牙膏因能減輕過敏症狀而備受青睞。

(4)**創造積極的態度與感覺**

一些品牌聯想能在宣傳和使用過程中創造出積極的態度和感覺，使人們喜愛它並能傳遞到品牌上，把聯想的感覺與品牌聯繫起來。此外，品牌聯想還爲品牌發展和品牌延伸提供了基礎，通過品牌聯想與新產品之間創造一種合適的感覺，從而使消費者樂於購買擴展的新產品。HONDA(本田)就成功地將品牌從摩托車延伸到了摩托艇、割草機直至汽車產品上面。

品牌聯想還通過在品牌中表現出信譽和自信來影響購買行爲並成爲決定因素，利用著名人物的聲望和號召力往往能使品牌很快風靡開來。

名人代言在品牌推廣中的成功案例數不勝數且富有成效。NBA球星喬丹代言知名運動品牌Nike(耐克)之「just do it」，影星郭富城代言服飾品牌美特斯邦威「不走尋常路」，以及歌星周傑倫代言品牌動感地帶「我的地盤我做主」皆屬此類。用知名運動員代言新的運動品牌還能給消費者提供新產品從技術能力到設計水準的「專業保證」，當然企業理所應當已經具備了這些能力。

3.**產生聯想的方法**

品牌的經營者並不會對所有的聯想都感興趣。實際上，只是對聯想中直接或間接影響到購買行爲的因素感興趣，主要原因取決於這些因素是否強勁且被目標消費者所共用。產品特徵和消費者利益屬於持久的感性範疇，是一種重要的聯想。聯想還涉及到產品的價格和其具體使用的過程、使用產品的人的類型、物流以及銷售服務等方面，而另一些則可能反映出產品用來表達的生活方式、社會地位、職業角色等事實。

國家和地域的聯想有時也讓品牌受益匪淺，如德國的汽車和法國的時裝，來自草原的「伊利」牛奶和「鄂爾多斯」羊絨服飾，北京的「全聚德」烤鴨以及南方地區的「江南布衣」女裝和「王老吉」涼茶。

臺灣的左岸咖啡的品牌聯想。從什麼地方運來咖啡最有高級感？策劃小組最後提供了 4 個場所作爲嘗試的概念：

- 空中廚房。來自空中廚房專門爲頭等艙準備的咖啡。
- 日式高級咖啡館。來自優雅、精緻的日式咖啡館的咖啡。
- 左岸咖啡館。來自巴黎塞納河左岸一家充滿人文氣息的咖啡館的咖啡，一個詩人、哲學家喜歡的地方。
- 唐於街 10 號。來自英國首相官邸廚房的咖啡，平日用來招待貴賓。

經過分析，左岸咖啡館的咖啡被認爲價值最高，消費者願意爲此支付最高價錢。在品牌名稱被認定爲左岸的同時，17 歲到 22 歲的年輕女性被選擇作爲目標對象，她們誠實、多愁善感，喜愛文學藝術，但生活經驗不多，喜歡跟著感覺走。相對於產品品質而言，她們更尋求產品以外的東西，尋求情感回報和使她們更感成熟的東西，尋求瞭解並能夠表達內心需求的品牌。左岸咖啡館被試圖塑造成爲在她們的想像中的一種「真實」。它和消費者的關係，就像一本喜愛的書、一冊旅遊摘記，在你享受一片獨處空間時，它隨手可得，帶你到想去的地方。

左岸咖啡館能夠滿足你隨時可能冒出的一點精神慾望。於是左岸咖啡的電視廣告是一位女孩的旅行日記，平面廣告是一系列發生在咖啡館的短篇故事，電臺則在深夜播放著詩般的咖啡館故事，渲染著一種「愉快的孤獨感」。左岸咖啡也是法國電影節的贊助商之一，與雷諾、標緻、夏奈兒、迪奧等法國品牌同在贊助商之列。

左岸咖啡館使得一杯塑膠杯裝的咖啡飲料成爲了名副其實的高級品牌。

⑴**產品特徵**

最有用的定位策略就是將一個對象與產品特徵聯繫起來，USP 仍然是市場中最有效的武器之一，只要競爭對手還沒有意識到或發現它。雖然從本質上說，市場中的同類產品並沒有很大的不同，但你必須強調產品的特徵。一旦這個特徵是有意義的，聯想便立刻成爲購買該品牌的原因。同是豪華轎車，賓士汽車突出其乘坐的舒適性；寶馬汽車向消費者述說「駕駛的樂趣」，沃爾沃汽車則不斷地強調其安全性。這些特徵已然成爲品牌傳統，要想發展新的聯想可能已徒勞無功。

試圖將一個品牌的幾個特徵聯繫起來是很有吸引力的，前提是這幾個特徵能夠互相支援。然而，兼顧太多產品特徵的定位策略可能是模糊的且互相矛盾的，導致這一情況的原因部份是由於顧客接收一個涉及多個特徵信息的能力是有限的。其結果可能是目標消費者不明確或者給信息的有效傳達帶來困難。

⑵**消費者利益**

大多數的產品特徵和消費者利益兩者之間通常是一一對應

的。防止蛀牙既是佳潔士的產品特徵同時又是消費者的利益。但是一個持久的聯想究竟是產品特徵還是消費者利益有時非常關鍵。當佳潔士出現在腦海中的時候，消費者想到的是它的配方或工作情況，還是孩子們使用之後不再有蛀牙呢？這一區別在品牌聯想的發展中是很重要的。你想讓消費者獲得的是「理性」的利益，還是「心理上」的利益呢？

不同的產品類別可能有不同的選擇，「理性」的利益與產品特徵緊密相連，並且可能成爲「理智」的決定過程的一部份。而「心理上」的利益通常是觀念形成過程的最終結果，關係到購買或使用這一品牌時產生的感覺。著名的「Miller 時間」將米勒啤酒與工作一天后的舒適休息聯結在一起，產品與酒精的聯繫被工作回報的概念所替代，從而與大眾取得了積極的聯繫。

⑶產品價格/使用者及其使用過程

市場定位時通常會考慮產品和品牌的定價，然後再將該品牌的產品同相似價格的產品區分開來。高定價有時對消費者意味著「高品質」，對企業則意味著可能獲得高附加值。但品牌必須同時提供信譽保證、品質優勢或是確實的身份體驗。

將品牌與使用者及其使用過程和場景聯繫起來也是產生聯想的常用方法之一。找到典型的消費者代表或者意見領袖，無論是鄰家女孩還是火箭隊的高中鋒姚明，抑或是皮爾斯·布魯斯南(007 的扮演者)。美國的貝爾(Bell)電話公司將長途電話同情侶之間的交往聯繫起來，雪花啤酒則通過球迷歡慶暢飲的場景使品牌與運動產生關聯，並提供了大量飲用的暗示。

(4)**競爭者**

絕大多數的定位策略都會顯現一個或多個競爭對手。某些情況下，競爭對手可能會成爲長久的參照物，對抗定位和比附定位皆緣於此。其一，競爭對手可能擁有一個強有力的、很具體的想像，可以用作傳遞另一與之有關信息的橋樑。如果一個人想知道某個地方在那，說這個地方挨著某標誌性建築比描述能到達這個地方的各個街道容易多了。其二，有些時候讓消費者認爲你的產品是如何的並不重要，重要的是你的產品強於你的競爭對手或和它是一樣的。

品牌有時甚至需要給他們的競爭者重新定位，我們來看下面的一個小案例。

智慧(Wise)薯片給品客(Pringle，s)重新定位。

品客薯片在搶佔了高達 18%的市場後，老品牌智慧用一個典型的重新定位戰略進行了反擊。它在電視上對消費者說:「智慧的成分是：土豆、植物油和鹽。品客的成分是：脫水土豆、甘油一酸酯和甘油二酸酯、抗壞血酸、丁基羥基苯甲醚。」品客的銷量隨即大跌，從 18%可觀的薯片市場佔有率直線下降到 10%。

人們對品客抱怨最多的是它吃上去像硬紙片，這正是你希望消費者在看到「甘油酸酯」和「丁基羥基苯巴醚」之類的詞之後作出的反應。里斯和特勞特認爲「喝一杯 H_2O」的味道永遠比「喝一杯水」要來得差。

品牌案例：品牌認知的故事

王老吉涼茶由廣州醫藥集團有限公司屬下廣州王老吉藥業股份有限公司出品，品牌創立於清道光八年(1828 年)，是廣州地區的老字号。作為嶺南養生文化的一種獨特符號的涼茶，在兩廣的大街小巷裏沉澱 100 多年後，2005 年突然飄紅全國，一年銷售額達 30 億元。短短數年時間，王老吉銷售額激增 400 倍。面對王老吉咄咄逼人的攻勢，可口可樂收購香港傳統涼茶館「同治堂」旗下品牌健康工房，以期對抗王老吉。國內的一些中藥企業，對涼茶市場也是虎視眈眈，準備加入涼茶市場的競爭。

「王老吉」這一沿用 100 多年的品牌名稱，具有悠久的歷史和地道的本土文化特徵，好念、好寫、好記，很容易傳播。「王老吉」頗有返璞歸真意味的品牌名稱與涼茶的產品屬性無疑也是相當匹配的。以現代的行銷觀念審視「王老吉」的品牌名稱，我們發現它具有以下特徵。

第一，區隔競爭對手，王老吉因其品牌名稱獨特而與其他品牌形成鮮明的區隔，在消費者的記憶中搶先佔位；不以涼茶兩字作品牌名的尾碼，在兩廣以外的市場推廣中節省了「涼茶是什麼」的傳播成本，使一個區域品牌得到了全國市場。

第二，品牌名稱以產品創始人的名字命名，並不遺餘力地把創始人「王老吉」塑造成涼茶始祖。同時，涼茶是以中草藥為原料的保健飲品，有「預防上火」和「降火」的作用，這種實實在在的功效是涼茶與其他飲料相比的核心優勢。「上火」是中國人可以真實感知的一種健康狀態，通過中醫和現代媒體的傳播，消費者對「上火」的認知相對清晰。王老吉的功效正好滿足了這個未被切割的飲料市場，加上充裕的宣傳推廣費用，線上線下、高低結合的媒體投放策略使王老吉的知名度不斷提升，市場由南到北不斷擴張，王老吉已成為「涼茶」的代名詞，這種品牌印記的形成成為其他品牌難以跨越的壁壘。

第三，「王老吉」三個字無論拆開還是合在一起，都非常吉祥，迎合了中國消費者的審美觀和消費觀。

心得欄 ------------------------------------

第七步

建立鮮明的品牌識別特徵

1

構建個性鮮明的品牌識別系統

個性鮮明的品牌識別系統，是品牌形象資產的一部份，是消費者對品牌的第一形象，第一概念，也是品牌能在眾多同類產品中能夠一眼就被識別的清晰面孔。如果把品牌當作一個人來講，則這種特色的品牌識別系統可以說是人臉，由於眼睛、嘴巴、鼻子、耳朵等面部特徵的獨特之處，形成品牌特有的認知標誌。廣義上講，品牌識別系統包含了品牌識別的很多層面，成功的品牌識別系統可以是一個標準字型（如聯想的標準字），一種顏色組合（如百事可樂的藍色和白色），一個獨特標誌（如

NIKE 的勾形標誌)，一種特有聲音(如雅倩的 A－H)，一句廣告語(雀巢咖啡的味道好極了)或者一種特有的包裝或裝潢，一種專有的地理名稱(如庫爾勒香梨的庫爾勒)等等，更可以是其中多項因數的組合。

個性鮮明的品牌識別系統，它必須具備如下特徵：

1.簡單、獨特性

即品牌的這一種識別方法或者識別標誌是此品牌所獨一無二的鮮明特徵，簡潔、凝煉、準確，使消費者在眾多的同類品牌之中一眼被看出。

2.持續恒定性

品牌識別系統的建立不是一朝一夕之功，而是品牌效應長久累積的結果，是一種持之以恆的滲透力與影響力。

3.聯想感知性

這種品牌識別能夠在消費者心智中辟出一塊屬於品牌的空間，使消費者在接觸到這種品牌識別之後，能夠聯想起由此種品牌帶來的心理歸屬感和滿足感。

品牌宣傳通過特定的形象和符號，不斷製造出較為超前的消費意識形態，衝擊人們原有的消費神經，並說服人們贊同它的文化行為進而產生消費行為。這些形象符號最後凝結的晶體即個性鮮明的識別系統。在這個行為過程中，品牌識別系統成了與消費者最先發生聯繫，影響消費者作出評判的第一依據。從品牌週邊來看，品牌識別系統是品牌形象的表現形式，是品牌差異化的基本特徵。它與品牌形象互為表裏，相互依存。從品牌內核來講，品牌識別是品牌內涵的載體，是品牌內涵通過具體形象進行闡述的物化形式。品牌識別系統的形成是與品牌美譽度、品牌忠誠度等高度關聯的品牌認知結果。品牌識別系統的培育、認知、建立，是品牌自身標榜意義請求消費者確認的過程，最終目的在於建立競爭對手不可以模仿的個性。由於這種認知歷程的完成是一個相互瞭解溝通的長時間動態過程，消費者又在此過程中具有很大的主動能動性，因此，品牌識別系統的建立要朝著有利於簡化消費者視覺和心理認知的方向進行，這樣才能在紛繁複雜的商品世界中脫穎而出。

建立品牌識別系統的意義在於：

⑴明晰品牌鮮明的個性，形成烙印於人們心中的品牌階梯，幫助人們減少在眾多同類產品做出選擇所花費更多的時間和精力。如人們一看到那個巨大的金黃色「M」型標誌，就能準確地想到是麥當勞。

⑵通過品牌識別系統的形成，一方面是品牌形象爲更多消費者所認知贊同的結果，另一方面是企業提升整體品牌形象，凝聚人們對於品牌信任的過程，是對品牌知名度、美譽度、忠誠度等由消費者確認的品牌無形資產不斷沉澱累積。品牌無形資產作爲品牌價值的重要組成部份，從某種程度上來講，無形資產所體現的價值甚至大於企業的有形資產。可口可樂以 800 多億美元的價值被評爲 2002 全球第一品牌時，其醒目的波浪形條紋，鮮豔的紅色，獨特的產品包裝，這一系列視覺可以說是奠定了可口可樂品牌價值的基本點，也使很多人在看到這個極具衝擊力的識別系統時，能夠想起代表自由、熱情的美國文化。

站在企業的立場講，個性鮮明的品牌識別系統是品牌戰略策劃者製造市場區隔的利器，希望借此創造和保持領先的品牌形象，並能引起人們對品牌忠誠及美譽度的聯想，創造品牌價值。站在消費者的立場上來講，個性鮮明的品牌識別是在經歷優勝劣汰的市場競爭之後，最終勝出並在消費者心目中凝結昇華。清晰的品牌識別系統使得消費者在作出購買行為時，首先從心理上就能夠得到品質和信任的保證。

作品牌不能急功近利，而構建清晰而個性鮮明的品牌識別系統，更不是一帆風順就可以形成的。品牌識別系統的長期沉澱和累積，水滴石穿的成就為品牌成長起到重要的奠基作用，這也是建立品牌識別系統的最大意義之所在。

2

品牌標誌設計的法則

可口可樂的紅顏色圓柱曲線、麥當勞的黃色「M」以及迪士尼公園的富有冒險精神、正直誠實、充滿童真的米老鼠等。品牌標誌是一種「視覺語言」，它通過一定的圖案、顏色來向消費者傳輸某種信息，以達到識別品牌、促進銷售的目的。品牌標誌自身能夠創造品牌認知、品牌聯想和消費者的品牌偏好，進而影響品牌體現的品質與顧客的品牌忠誠度。因此，在品牌標誌設計中，我們除了最基本的平面設計和創意要求外，還必須考慮行銷因素和消費者的認知、情感心理。好的標誌對於宣傳產品性能、特點，讓接受者在視覺、心理上可以產生特定的感受與聯想。在標誌設計的過程中，以下的重要法則是應該遵循的。

1.可以命名

一個易記的品牌標誌，應該容易讓消費者理解其含義，能用一句話或一個詞來概括。例如金山軟體、奧迪汽車、花花公子、標緻汽車、別克汽車和古井貢的標誌。這些標誌圖案儘管不同的人可能存在不同的描述，但它們均可用一個詞或一句話來表達。金山軟體的標誌像一頂「帽子」，奧迪汽車的標誌是「四個圓圈」，花花公於是「一隻帶著領帶的兔子」，標緻汽車的標誌是「一隻站立起來的狼」，別克汽車的標誌是「三顆子彈」。

2.簡單明瞭

在初學漢字時，筆劃少的字練習一兩遍就能記住，而筆劃多的字則需要練習多次才能記住。字越簡單越容易學習，越複雜學習起來越困難。品牌標誌也是如此。

簡單的圖案一目了然；而複雜的圖案要記住則需要花較多的時間。舉一個例子來說，同樣是兩條直線，畫成兩條平行線顯得簡單，畫成兩條交叉線則顯得複雜。因爲平行線只包含傾斜的角度和兩線的距離這兩個要素，而交叉線要包含兩條線的傾斜角度、兩線的夾角和交叉線段的比例三個要素。因此，如果讓你看完兩個圖形之後重新把它畫出來，那麼，畫平行線的正確率肯定比交叉線高。

衡量圖案的簡單性有兩個標準，其一是點、線的數量；其二是點、線之間的組合形式。點線越少，圖案越簡單。同樣，點線之間的關係或聯繫越符合幾何構圖原則，圖案也越簡單。柯達膠捲、聯想電腦、歐米茄手錶、李寧體育用品的品牌標誌都是一些構圖簡單的標誌。

3.內涵豐富

能具有反映品牌內涵的標誌，才最有生命力。將品牌內涵反映到標誌上，主要是將品牌名稱和主體標識語與公司完美結合，烘托出品牌特徵。

在品牌標誌中，融有表現品牌內涵的手法，大致有三種：

⑴單一內涵

比如銀行的標誌，採用古錢幣的形式。

⑵雙重內涵

比如銀行的標誌將兩個重疊的破損缺口古錢幣構出英文名稱前兩個首字母「C」以及另一內涵是「OK」的手勢，雙重組合具有雙重意思。

⑶多重內涵

如 505 藥品，其商標設計圖文並茂，505 三個字寫在地球中心，整個標誌多重意思，寓意久遠。

4.視覺衝擊力強

標誌有視覺衝擊力，才會在千千萬萬的標誌中脫穎而出。在視覺的效果上，標誌要達到無論是放大還是縮小，都一眼能夠看得出來，都能引起人們的特殊興趣，比如太陽、長城、龍鳳圖形等等，已成爲人們視覺選擇上的文化基礎。

5.具有時代個性

6.品牌標誌要寓入文化因素

標誌需有文化韻味，便會給人藝術享受，讓人產生某種聯想，甚至引起某種情思。

名牌的另一半是文化。「孔府家酒」，讓人想起孔子這位名人，想到孔子文化，聯想到家，勾起異鄉人的思念之情。再如古井貢酒的商標，由有特色的地方古樹、老井構成，很顯然是標明古井酒的來源地。

品牌國際化的到來，更要求品牌標誌要寓人文化因素。比如在色彩的偏好與禁忌上，不同的地區有不同的文化背景，色彩便有了不同的象徵意義。許多企業的品牌標誌，採用五顏六色，甚至有的追求諸多色彩，視覺上不但零亂，而且無法獲得消費者的廣泛認同。品牌標誌的色彩的研究與恰當運用，可以讓品牌更突現地傳導出文化內涵。

7.具有獨特之處

品牌標誌的獨特之處是指不同於其他品牌標誌的設計風格、特點等，讓消費者一看到該標誌，就覺得與眾不同。例如，埃克森石油公司標誌的特點在於兩個X字母，戴爾電腦標誌的特點在於傾斜的「E」字母、IBM電腦的獨特之處是「虛線」。

8.幫助傳達品牌的象徵意義

一個品牌擁有者，在爲產品或公司設計一個品牌標誌時，一般希望通過該標誌向消費者傳達某種含義，以便讓消費者儘早瞭解該品牌是從事何種行業的公司，是什麼類別的產品，或具有什麼樣的屬性、特點。因此，在標誌設計時，就要運用適當的符號來傳達設計者希望傳達的信息。

皇冠是皇室用品，不是一般人戴的，具有高貴的象徵意義。勞力士手錶將「皇冠」符號作為自己的標誌圖案，一直佔據著高檔手錶的市場位置。必勝客是速食店，其品牌標誌猶如一座房子。微軟視窗產品的標誌就像許多重疊的視窗。這一標誌形象地說明了產品的微軟視窗功能。耐克的標誌是一個「勾」，它容易讓人產生穿鞋運動時腳步落地的感覺，以及發出的「唰唰聲」，這種感覺和聲音給人進一步的聯想是「高品質」。法拉利的標誌是騰空飛奔的馬，馬是速度的象徵，用馬可以暗示法拉利跑車的速度快。

3

品牌標誌的設計方法

品牌標誌設計是在一定的原則前提下，選擇特定的表現元素，結合創意手法和設計風格而成。典型的設計方法有兩種：文字和名稱的轉化、圖案的象徵寓意。它們產生三類設計標誌：文字型、圖案型以及文圖結合型。

1.文字和名稱的轉化

文字（包括西方文字和中國漢字）和名稱的轉化是直接運用一些文字符號或單純的圖形作為標誌的組成元素。所採用的字體符號可以是品牌名稱，也可以是品牌名稱的縮寫或代號。這種方法的優點是識別力強，便於口碑傳播，容易為消費者理解含義。在創意上，為了增強其美感和可接受性，往往借助象徵、裝飾點綴和色彩的力量。這方面成功的設計有紅旗轎車的「紅旗」標誌、冰川牌羽絨服的「冰川」圖案、李寧體育用品的「L」標誌、施樂的「X」標誌等。

2.圖形象徵與寓意

以圖形或圖案作為標誌設計的元素，都是採用象徵寓意的手法，進行高度藝術化的概括提煉，形成具有象徵性的形象。圖形標誌因為其視覺意念較易被人理解接受，故也得到普遍運用。特別是一些作為象徵物的最普通客體，比如太陽、眼睛、女人的體態、星星、王冠、手、馬等在品牌標誌的設計中運用得非常廣泛。例如美國雷諾茲公司推出的世界名牌「駱駝」香煙，其標誌採用一隻傲視俗世的駱駝駐足沙海；蘋果電腦公司採用彩色蘋果圖案；雀巢公司使用「兩隻小鳥依偎在巢旁」的圖案，形象鮮明生動。「太陽神」牌保健品以簡練、強烈的圓形(象徵太陽)與三角形(「人」字形)組合而成，寓意公司健康向上、以人為本的經營理念。

3.運用熟悉的景、物

品牌標誌設計可以採用抽象圖形，也可以採用一些具象性的、大家熟悉的景、物，以便加深消費者印象，傳達某些特定的含義。法國時裝、化妝品品牌夢特嬌的標誌雖然是一朵常見的花，但花能夠讓人想起美麗、漂亮；花王化妝品標誌，該標誌的「月亮」是世人都熟悉的。

4

品牌標準字體設計

標準字體是指經過設計的專用以表現企業品牌的字體。故標準字體設計，包括企業名稱標準字和品牌標準字的設計。

標準字體是企業形象識別系統中的基本要素之一，常與標誌聯繫在一起，具有明確的說明性，可直接將企業或品牌傳達給觀眾，與視覺、聽覺同步傳遞信息，強化企業形象與品牌的訴求力，其設計與標誌具有同等重要性。

經過精心設計的標準字體與普通印刷字體的差異在於，除了外觀造型不同外，更重要的是它是根據企業或品牌的個性而設計的，對策劃的形態、粗細、字間的連接與配置，統一的造型等，都作了細緻嚴謹的規劃，與普通字體相比更美觀，更具特色。

標準字體的設計可劃分為書法標準字體、裝飾標準字體和英文標準字體的設計。

1.書法標準字體設計

書法是我國具有三千多年歷史的漢字表現藝術，既有藝術性，又有實用性。我國一些企業主用政壇要人、社會名流及書法家的題字，作企業名稱或品牌標準字體。

有些設計師嘗試設計書法字體作爲品牌名稱，有特定的視覺效果，活潑、新穎、畫面富有變化。但是，書法字體也會給視覺系統設計帶來一定困難。首先是與商標圖案相配的協調性問題，其次是是否便於迅速識別。

書法字體設計，是相對標準印刷字體而言，設計形式可分爲兩種：一種是針對名人題字進行調整編排。另一種是設計書法體或者說是裝飾性的書法體，是爲了突出視覺個性，特意描繪的字體，這種字體是以書法技巧爲基礎而設計的，介於書法和描繪之間。

2.裝飾字體設計

裝飾字體在視覺識別系統中，具有美觀大方，便於閱讀和識別，應用範圍廣等優點。

裝飾字體是在基本字形的基礎上進行裝飾、變化加工而成的。它的特徵是在一定程度上擺脫了印刷字體的字形和筆劃的約束，根據品牌或企業經營性質的需要進行設計，達到加強文字的精神含義和富於感染力的目的。

裝飾字體表達的含意豐富多彩。如：細線構成的字體，容易使人聯想到香水、化妝品類的產品，圓厚柔滑的字體，常用於表現食品、飲料、洗滌用品等；而渾厚粗實的字體則常用於表現企業的實力強勁；而有棱角的字體，則易展示企業個性等。

總之，裝飾字體設計離不開產品屬性和企業經營性質，所有的設計手段都必須爲企業形象的核心──標誌服務。它運用誇張、明暗、增減筆劃形象、裝飾等手法，以豐富的想像力，重新構成字形，既加強了文字的特徵，又豐富了標準字體的內涵。同時，在設計過程中，不僅要求單個字形美觀，還要使整體風格和諧統一，體現理念內涵、易讀，以便於信息傳播。

3.英文標準字體設計

企業名稱和品牌標準字體的設計，一般均採用中英兩種文字，以便於同國際接軌，參與國際市場競爭。

英文字體(包括中文拼音)的設計，與中文漢字設計一樣，也可分爲兩種基本字體，即書法體和裝飾體。書法體的設計雖然很有個性、很美觀，但識別性差，常見的情況是用於人名，或非常簡短的商品名稱。裝飾字體的設計，應用範圍非常廣泛。

從設計的角度看，英文字體根據其形態特徵和設計表現手法，大致可以分爲四類：一是等線體，字形的特點幾乎都是由相等的線條構成；二是書法體，字形的特點活潑自由、顯示風格個性；三是裝飾體，對各種字體進行裝飾設計，變化加工，達到引人注目，富於感染力的藝術效果；四是光學體，是攝影特技和印刷用網紋技術原理構成。由於標準字是CIS的基本要素之一，其設計成功與否至關重要。當企業、公司、品牌確定後，在著手進行標準字體設計之前，應先實施調查工作，調查要點包括：

- 是否符合行業、產品的形象；
- 是否具有創新的風格、獨特的形象；
- 是否能爲商品購買者所喜好；
- 是否能表現企業的發展性與值得依賴感；
- 對字體造型要素加以分析。

將調查資料整理分析後，就可從中獲得明確的設計方向。

5

品牌標誌字強調個性形象與整體風格

品牌標誌字強調個性形象與整體風格。它反映了企業的經營理念與產品特徵，在一定意義上也反映了目標市場的消費者特徵。概括地講，品牌標誌字具有以下功能與特徵：

1.識別性

企業的品牌標誌字首先要具有一定的識別性，即通過一定的造型體現出獨特的風格，反映企業的行銷文化和經營理念，向目標市場傳達企業產品獨具的特點與文化附加值，達到消費者識別企業及其產品的目的。

2.造型性

造型因素是決定品牌標誌字是否成功的關鍵，品牌標誌字通過一定的形態特徵傳達行銷產品或行銷者的個性特徵，使消費者感覺到美，因此要在遵守造型原則和規則的條件下，求新還求異，使品牌標誌字成爲企業品牌標誌的代表。

3.易讀性

品牌標誌字要簡潔、易讀、傳播的信息內容使人一看就明白，一看就瞭解。

4.系統性

品牌標誌字是品牌標誌系統的構成要素，它的風絡應該與品牌標誌系統中的其他要素的風格相一致，與其他要素共同體現企業的經營理念和行銷特徵；另一方面，品牌標誌字自身又是一個小系統，其系統內部字與字之間，不論是大小還是造型都要符合統一的要求，要符合美的法則，要互相補充、互相配合。品牌標誌字作為一種符號，與標誌色一樣都是企業品牌標誌的組成部份，能表達豐富的內容，因此在設計時切不可掉以輕心。設計專家發現：

⑴「由細線構成的字體」易讓人聯想到香水、化妝品、纖維製品。

⑵「圓滑的字體」易讓人聯想到香皂、糕餅、糖果。

⑶「角形字體」易讓人聯想到機械類、工業用品等。

由此可見，不同字體其含義各不相同，企業經營者有必要在品牌標誌字體上下一番功夫。例如：「雪碧」、「芬達」就將標誌字體的比例、形狀處理得精緻美觀，尤其是雪碧中「碧」字的一點，是檸檬形象的高度抽象；芬達的「達」字的一點，是蘋果葉子的高度象徵，非常醒目、傳神。

6

標誌中色彩的運用

色彩與眼睛的重要性就像我們的耳朵一定要欣賞音樂一樣,很難想像如果在一個沒有色彩的世界裏,將會是什麼樣子?色彩能喚發出人們的情感，因此在LOGO設計裏，與所有的設計一樣，有見地地、適當地使用色彩是很倍受關注的。

在很多時候書中已介紹了有關色彩方面的文章，作為背景色，被廣泛運用在一系列的圖形設計中；而且我們會看到一些在心理上能引起共鳴的著名的代表色，以及從該色彩所聯想到的東西。

藍色——傳遞和平、寧靜、協調、信任和信心，現在的LOGO設計者能使用216種色彩，這裏面有很多的藍色可供選擇。另一方面，如把藍色用於食物或烹飪領域，則是很糟糕的一件事情，因為地球上很少有藍色的食物，它只會抑制人們的食慾。

把柔和色調和冷色調(比如綠色)放在一處，讓人會有抑鬱的感覺，把藍色和中性顏色放在一起(比如灰色或米色)會認為是很好的問候色，但是要謹慎橙色和藍色，因為這兩種顏色搭配給人不穩定感。

米色是中性色，暗示著實用、保守和獨立，它可能是讓人感到無聊和平淡，但是作爲圖形背景色來說是樸實的，正如褐色與綠色，藍色和粉色一樣。米色作爲背景色是很好的，它有助於最大限度地讀懂設計內容。

黑色被廣泛地認爲是悲哀、嚴肅和壓抑的顏色，但在積極方面它能認爲是經歷豐富和神秘的色彩，把黑色作爲主色調，通常要非常謹慎的——如果你準備設計兒童書店，黑色就是最壞的選擇，但如果是攝影棚或畫廊，黑色可能是最佳選擇，畢竟對藝術家來說，黑色是最有魅力的色彩。

褐色是另一種保守的顏色，表現穩定、樸素和舒適。和黑色一樣，如果不能正確地使用，將會令人非常討厭。成功的應用包括：褐色搭配的照片，在有些場合，褐色還能表達健康的理想和家庭的戶外活動。

綠色要非常謹慎地使用，因爲對大多數人來說，他都產生一種強烈的感情，有積極的也有消極的。在某些情況下，它是一種友好的色彩，表示忠心和聰明。綠色通常用在財政金融領域、生產領域、衛生保健領域，但在很多人內心深處，它常被比作嫉妒、卑鄙。

灰色在多數情況下，有保守意味，它代表實用，悲傷、安全和可靠性。它也許是一種令人厭煩的顏色，代表行事古板、無生命力。把它作爲背景是難以致信的，除非你想把暗淡和保守傳達你的顧客，你最好選擇其他中性色做背景色，如淺褐色和白色。但是如果灰色適當地用一定冷色調和，如表現抑鬱、沮喪也許會是成功的。

對大多數人來說淡紫色是另一種能表達色彩情感的顏色，

經常被運用在浪漫的故事裏，思鄉懷舊場合，以及講求優美的情況下，對於表現創造性、不平常性、與難忘性方面，它也被經常使用。

粉紅色、淺紫色都是富於溫柔和嬌柔的涵義。紫色是一種神秘的色彩，象徵皇權和靈性，對於非傳統和創造性方面，它不僅是好的選擇，而且是惟一選擇。橙色是暖色調，寓意熱心，動態和豪華。如果要表現豔麗而引人注目，那麼請使用橙色！作爲一種突出色時，它可能刺激你的顧客情感，因此最好節約地使用，把它放在外表突出工作位置就行了。並且一定記住要謹慎地使用橙色和藍色搭配。

紅色是最熱烈的顏色，表達熱情和激情的意思。熱與火，速度與熱情，慷慨與激動，競爭與進攻都可用紅色體現。它也許是刺激、不安寧的顏色，但與褐色、藍色淺紫色一起使用，就不太妙了。

陽光是黃色的，因此黃色表達樂觀、快樂、理想主義和充滿想像力，如果使用黃色把它作爲背景能形成明暗差別的效果。從心理學上得知，白色有清潔、純潔、樸素、直率和清白的意味，在設計中的白色作爲背景是最通用的，因爲它最容易識別，作爲一種「無色」背景，我們可以任意使用。

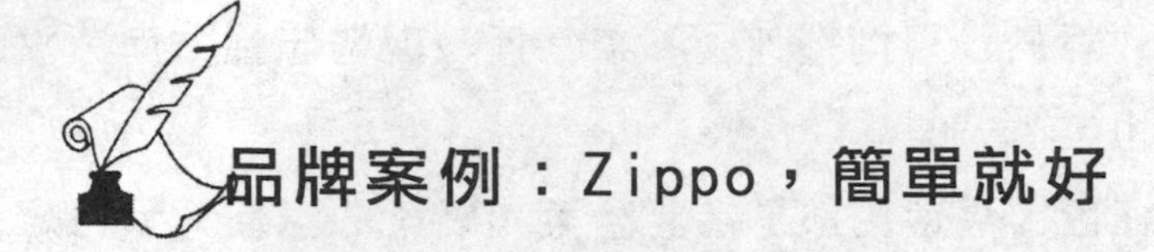

品牌案例：Zippo，簡單就好

世界上從來沒有第二個牌子的打火機能像 Zippo 那樣擁有眾多的故事和回味。對於很多男士來說，Zippo 打火機是他們的至愛和樂此不疲的話題，同時也是他們邁向成熟男人的標誌；對於女士，在心愛的男人生日那天送給他一支 Zippo，也許就可以獲得他的信賴和關愛。

1932 年，美國人喬治·佈雷斯代，看到一個朋友笨拙地用一個廉價的奧地利打火機點煙後，為了掩飾那令人尷尬的打火機，那個朋友聳了聳肩，對他說:「它很實用！」。

事後，佈雷斯代發明了一個設計簡單，且不受氣壓或低溫影響的打火機。並將其定名為 Zippo，這是取當時的另一項偉大的發明——拉鏈(Zipper)的諧音，以「它管用」為宗旨而命名的。在四年之後，Zippo 成功的獲得美國的專利權，並依照它的原始的結構重新設計了靈巧的長方形的外殼，蓋面與機身間以鉸鏈連接，並克服了設計上的困難，在火芯週圍加上了專為放風設計的帶孔防風牆。

和世界上其他著名品牌一樣，Zippo 的設計和品牌命名也是很和諧的。Zippo 的品牌易讀、易記，這是對其簡單的設計理念的最佳闡釋。

Zippo 打火機 71 年來秉持「它管用」的設計理念，非但沒有在打火機市場的烽煙中迷失自己，而是和牛仔褲、可口可樂一樣，成爲了美國的標誌之一。Zippo 成功塑造了它「簡單就好」的品牌文化，也奠定了它在打火機製造業的霸主地位。

心得欄 ------------------------------------

第八步

品牌整合傳播

1

正本清源，還原本來面目

整合行銷傳播並不是最終目的，而只是一種手段，其根本就在於以消費者爲中心。在整個傳播活動中，它的內涵具體表現在以下四個方面：

1.以消費者資料庫為運作基礎

消費者資料庫是整合行銷傳播活動的起點，也是關係行銷中雙向交流的保證。現代技術的發展使測量消費者行爲成爲可能，它具有比態度測量更高的準確性。從資料庫的信息中，可以充分掌握消費者、潛在消費者使用產品的歷史，瞭解他們的價值觀、生活方式、消費習慣、接觸訊息的時間、方式等等，分析、預測他們的需求，由此確定傳播的目標、管道、訊息等，真正做到針對不同的消費群體採取相應的策略。

2.整合各種傳播手段塑造一致性「心像」

塑造一致性「心像」，這是由消費者處理信息的方式決定的。由於每天需要接收、處理大量的信息，消費者形成了「淺嘗」式的信息處理法。他們依賴認知，把搜集的信息限制到最小的範圍內，並由此做判斷與決定。對於消費者來說，無論正確與否，他們認知到的就是事實。這就要求生產者提供的產品或服務的信息必須清晰、一致而且易於理解，從而在消費者心中形成一致性的形象。

要做到這一點，必須充分認識消費者對於產品或服務訊息的各種接觸管道。它們包括廣告、公關、促銷、人員銷售、產品包裝、在貨架上的位置、售後服務等經過計劃的接觸管道，也包括新聞報導、相關機構的評價、消費者口碑，辦公環境等未納入計劃甚至無法控制的接觸管道。理想的整合行銷傳播是把消費者的接觸管道盡可能地納入到計劃之中，同時把這些接觸管道傳遞的訊息整合起來。這種整合，不是信息的簡單疊加，而是發揮不同管道的優勢，使信息傳播形成合力，從而形成鮮明的品牌個性。

3.以關係行銷為目的

整合行銷傳播的核心是使消費者對品牌萌生信任，並且維繫這種信任，使其長久存在消費者心中。然而，你不能單單靠產品本身就建立這種信任，因許多產品實質上是相同的，而與消費者建立和諧、共鳴、對話、溝通的關係，才能使你脫穎而出。

儘管行銷並沒有改變其根本目的——銷售，但達到目的的途徑卻因消費者中心的行銷理論發生了改變。如果說以往只要通過大量的廣告、公關、活動等就可以形成產品的差異化，今天的生產商們遠沒有那麼幸運。由於產品、價格乃至銷售通路的相似，消費者對於大眾傳媒的排斥，生產商只有與消費者建立長期良好的關係，才能形成品牌的差異化，整合行銷傳播正是實現關係行銷的有力武器。

4.以循環為本質

以消費者爲中心的行銷觀念決定了企業不能以滿足消費者一次性需求爲最終目的，只有隨著消費者的變化調整自己的生產經營與銷售，才是未來企業的生存發展之道。消費者資料庫是整個關係行銷以及整合行銷傳播的基礎與起點，因而不斷更新、完善資料庫成爲一種必需。現代電腦技術以及多種接觸控制實現了生產商與消費者之間的雙向溝通，由此可以掌握消費者態度與行爲的變化情況，Nestle，Heinz 等一些企業以俱樂部的形式在消費者與生產商之間建立了直接的聯繫；一些航空公司、賓館、大型零售商也建立起消費者資料庫，形成固定聯繫；更有一些企業利用新興的 Internet 技術設置虛擬社區，爲消費者的信息回饋提供空間，從中瞭解消費者對產品的滿意程度，汲取有價值的信息，爲企業的進一步發展尋找新的機會點。

可以說，沒有雙向交流，就沒有不斷更新的資料庫；沒有不斷更新的資料庫，就失去了整合行銷傳播的基礎。因而建立在雙向交流基礎上的循環是整合行銷傳播的必要保證。

5.品牌的整合傳播不是將廣告、促銷、公關等手段放在一個盤子裏攪拌，而是在適當的時候運用適當的手法

製藥集團的廣告支出曾高達10億元，然而，其效果如何？如果綜合運用各種策略，不僅可以少花錢，還可以做到紅花綠葉相互襯托，減少給人暴發戶的感覺，在打開知名度的同時樹立良好的形象。就像一個人一樣，不光是給人有錢的感覺，還讓人覺得有品味，有內涵。

狂轟濫炸的廣告投放，不僅引起輿論的反感，還帶來了司法的糾紛，而在這時，公關手段並未得到很好的運用，這就需認真思考在消費者心目中的形象到底如何？如果哈藥是一個人，他會是一個什麼樣的人？如果哈藥是一種動物，它會是什麼動物？如果哈藥是一座城市，它又是一座什麼樣的城市？

從一開始到整個過程，需要隨時跟蹤消費者的內心變化，並借此調整後續的思路。這是一種對品牌負責的做法。

大幅度的廣告投放的確可以在短期內提升品牌的知名度，促進產品的銷售，但往往這樣的投放存在著很大的盲目性，「浪費了一半的廣告費，卻不知浪費在那裏」，據一份權威的市場研究報告表明：廣告投入加大一倍，只取得市場佔有率平均3.5%的增長！企業期盼著高額的廣告投入有穩定持續的市場佔有，可能只是一個一廂情願的美夢！

品牌知名度可以在短期內達到，而品牌美譽度、忠誠度、品牌聯想呢？它們決非廣告所能做到，飄柔、海飛絲、潘婷等品牌佔據了洗髮水市場的大半江山，這不是只憑廣告就能做到的，正確的品牌規劃+持續的傳播推廣才是它們雄霸天下的真正原因！

2

以消費者為導向的品牌傳播

有人說，品牌或者是「賣」出來的，或者是「炒」出來的，而事實上，無論品牌是以那種形式產生的，都離不開傳播溝通。品牌形成的過程，實際上就是品牌在消費者中的傳播過程，也是消費者對某個品牌逐漸認知的過程。

所謂品牌傳播，就是指品牌製造者找到自己滿足消費者的優勢價值，用恰當的方式持續地與消費者交流，促進消費者的理解、認可、信任和體驗，產生再次購買的願望，不斷維護對該品牌的好感的過程。可以說，無論是新品牌的誕生，還是老品牌的維護，都有賴於良好的傳播溝通，沒有傳播溝通，就沒有品牌。從品牌的內涵和價值來看，品牌是一個以消費者爲中心的概念，品牌價值不僅僅屬於製造者，而且還屬於消費者。

品牌是一個全方位的架構，牽涉到消費者與品牌溝通的方方面面，並且品牌更多地被視爲一種「體驗」，一種消費者能親身參與的更深層次的關係，一種與消費者進行理性和感性互動的總和。品牌若不能與消費者結成親密關係，根本上就喪失了被稱爲品牌的資格。

在西方文學史上有一種理論叫做「接受理論」，這種理論把一切沒有經過讀者閱讀和檢驗的作品稱之爲「文本」，只有經過讀者的閱讀思維參與和檢驗，並經過具體的接受之後，才能成爲作品。該理論認爲，一部完整的作品是由作者和讀者共同完成的。接受理論的貢獻在於它提示了讀者在作品完成上的不可低估的獨特地位。我們認爲這種接受理論同樣適用於品牌理論中：品牌實際上並不真正地僅屬於製造者，而且還屬於消費者。換句話說，品牌不單純是由製造者創造出來的，而是由製造者和消費者共同創造出來的。在品牌建立的早期階段，品牌屬於製造商或服務提供者，在這一階段，製造商或服務提供者的責任是決定他們想要使品牌具有什麼無形資產，並且把這種資產「放進」消費者的心目中。但是，在品牌建立過程中有這樣一個轉捩點，即製造者欲建立的品牌個性風格在消費者的心中已經成爲現實，並且在消費者頭腦裏紮了根，這時候，品牌就成爲消費者意識裏的一組資產，品牌所有權開始由製造者向消費者微妙地轉移。在這一階段，品牌形象和資產很難僅僅以製造者的意志爲改變和轉移，製造者若要任意改變像福特、杜邦、蘋果、微軟或是嬌韻詩、露華濃等這樣業已成形的品牌個性，必然會遭到消費者的強烈反對和抵制，新配方的可口可樂遭到全世界消費者的強烈抵制就是典型的例子。製造者的最大權限也只是將品牌延伸到消費者認爲它能拓展的範圍。

可見，品牌的價值體現在品牌與消費者的關係之中。在消費者心目中，品牌不僅代表著產品的品質，還可以是一種儀式，一種偶像，一種社會地位，或一位關懷自己的朋友。

因此在品牌傳播中，必須重視消費者，努力強化品牌和消費者之間的關係。

1985 年，巴巴拉·本德·傑克遜強調了關係行銷(Relationship Marketing)的重要性。關係行銷更能把握住品牌概念的精神實質，公司不僅是達成購買而是要建立各種關係。品牌與消費者的關係，是一個從無到有、從疏遠到親密的過程，關係行銷的實質就是牢牢地把握住消費者，以消費者爲導向，通過 360 度傳播，引導他們經歷對品牌毫無印象→開始注意→產生興趣→喚起慾望→採取行動→重覆購買 6 個依次推進的階段，最後成爲品牌的忠誠消費者。品牌的忠誠消費者不僅可以節省企業的行銷成本，持續購買，還可以爲企業塑造良好口碑，介紹更多消費者。所以，建立與強化品牌與消費者的關係，培養忠誠消費者，已成爲提高品牌價值的關鍵所在。

而與此同時，品牌價值也同樣是通過消費者而不是政府機構評估得出的。

品牌知名度是消費者對一個品牌的記憶程度，品牌知名度可分爲無知名度、提示知名度、第一未提示知名度和第一提示知名度 4 個階段。一個新產品在上市之初，在消費者心中處於沒有知名度的狀態；如果經過一段時間的廣告等傳播溝通，品牌在部份消費者心中有了模糊的印象，在提示之下能記憶起該品牌，即得到了提示知名階段；下一個階段，在無提示的情況下，能主動記起該品牌；當品牌成長爲強勢品牌，在市場上處於「領頭羊」位置時，消費者會脫口而出或購買時第一個提及該品牌，這時已達到品牌知名度的最佳狀態。

品牌認知度是消費者對某一品牌在品質上的整體印象。它的內涵包括：功能、特點、可信賴度、耐用度、服務度、效用評價、商品品質的外觀。它是品牌差異定位、高價位和品牌延伸的基礎。研究表明，消費者對品牌品質的肯定，會給品牌帶來相當高的市場佔有率和良好的發展機會。

品牌聯想度是指透過品牌而產生的所有聯想，是對產品特徵、消費者利益、使用場合、產地、人物、個性等等的人格化描述。這些聯想往往能組合出一些意義，形成品牌形象。它是經過獨特銷售點(USP)傳播和品牌定位溝通的結果。它提供了購買的理由和品牌延伸的依據。

品牌忠誠度是在購買決策中多次表現出來的對某個品牌有偏向性的(而非隨意的)行爲反應，也是消費者對某種品牌的心理決策和評估過程。

品牌其他資產是指品牌有何商標、專利等知識產權，如何保護這些知識產權，如何防止假冒產品，品牌製造者擁有那些能帶來經濟利益的資源比如客戶資源、管理制度、企業文化、企業形象等。品牌資產五星模型告訴我們：品牌是代表企業或產品的一種視覺的感性和文化的形象，它是存在於消費者心目之中代表全部企業的東西，它不僅是商品標誌，而且是信譽標誌，是對消費者的一種承諾。品牌資產評估就是對消費者如何看待品牌進行評估和確認，由此可以說，消費者才是品牌資產的真正審定者和最終評估者。

3

持續而統一的品牌傳播

品牌單個的廣告、促銷活動，如果沒有一根統一的主線串起來，即使做得再好也只是一顆珍珠。只有將所有的傳播行爲都串起來，才能組成一條閃閃發亮的項鏈。這就是「項鏈定律」。

持續而統一的傳播是國際品牌成功的法則之一。肯德基是世界最大的炸雞連鎖餐廳，目前擁有超過九千六百家店。但是不論是在巴黎繁華的市中心，還是保加利亞風光秀麗的蘇菲亞市中心或是陽光明媚的波多黎各街道，處處都可見 Sanders 上校熟悉的面孔爲招牌的肯德基餐廳。

時裝品牌 Esprit 一直強調其個人選擇與自然的精神境界。20 世紀 60 年代後期，Esprit 在美國創立時，就確立了以世界和平和自我表現爲品牌的主要宗旨，並一直堅持了下來。當其他公司的促銷還僅僅流於形式時，Esprit 卻強調時裝界必須對社會及生活時尙都要負責。Esprit 踴躍參與地球日的宣傳活動，把印有「綠色環保」口號的服裝發給職員，在店內張貼環保海報，並鼓勵顧客在市區種植樹木及進行清掃活動。Esprit 的一大創舉是把「大自然」引入店內。春天它在亞洲的各分店中都洋溢著花園的氣息，店內放置著很多人工植物、盆景等。

夏季，則是宣導健康的生活方式，它在海報中說道：「每天一蘋果，大夫遠離我」。在過季減價時，Esprit 也頗不尋常，它將所有舊的陳列道具都刷上一層白油，或者蓋上淨色的棉布，此舉給顧客以 Esprit 是沙漠中的綠洲的感覺，使它在亂哄哄的場面裏既做了生意又似乎獨享安逸。Esprit 的室內陳列注意宣傳人的價值，時時提醒顧客在穿著時也不忘表達自己的意見。在一個廣告中，Esprit 問道：「你會做些什麼來改變世界？」一個手持拐杖的女孩子回答：「我希望人家去評定我之所能而不是我的不能。」除了上述口號，還有另外的口號也被廣泛使用：「在每個人決定要孩子之前，應該先上一堂爲人父母的課程」，這些詞句在不經意間征服了千千萬萬人。

1.核心價值——品牌傳播的主線

品牌的核心價值是品牌的精髓，它代表了一個品牌最中心，且不具時間性的要素。一個品牌獨一無二且最有價值的部份通常會表現在核心價值上。如果把品牌比作一個地球儀，核心價值就是中間的那根軸心，不管地球儀如何旋轉，軸心是始終不動的。

是否擁有核心價值，是品牌經營成功與否的一個重要標誌。海爾的核心價值是「真誠」，品牌 logo 是「真誠到永遠」，海爾的星級服務、產品研發都是對這一理念的詮釋和延伸；諾基亞的核心價值是科技、人性化，品牌 logo 是「科技以人爲本」；同樣的，諾基亞不斷的推出新產品，以人性化的設計來打造其高科技形象；海王的核心價值是「健康」，品牌 logo 是「健康成就未來」，其旗下三十多種健康產品共同爲這一核心價值添磚加瓦。

2.堅持一百年不動搖——持續的傳播

全力維護和宣揚品牌核心價值已成爲許多國際一流品牌的共識，是創造百年金字招牌的秘訣。耐克的核心價值是「Just do it」（想做就做），表達人們對前途對命運操縱在自己手中樂觀情緒，這一價值已經堅持了將近 20 年，從無改變。始終堅持一種風格，一個面孔，有時管理者會認爲如此下去，品牌將變得枯燥。這些管理者習慣了過幾天就換一種想法，覺得那樣才能使品牌新鮮而充滿創意。但是，消費者不一樣。作爲產品提供者，你每天都生活在這個品牌的包圍中，而消費者也許根本就沒有見過你的品牌，廣告太多了，他從來不會刻意去關注那個品牌。實際上，當產品提供者覺得單調的時候，消費者才開始對你有印象，才真正意識到你的存在。只有不斷重覆相同的信息在各種不同的媒體上，才能累積消費者的注意力及記憶度。因此，還是要說那句枯燥得已經說了一千遍的老話：堅持就是勝利。

心得欄 ------------------------------------

4

品牌傳播的 7 種創意模式

企業要長盛不衰，必須認真做好品牌的傳播工作。很多企業雖然在品牌宣傳方面不惜投入重金，卻未能收到很好的成效。究竟應該如何傳播品牌，從而顯著地提高銷售業績？

消費者之所以喜歡某種商品，是因爲他相信它比其他競爭產品能給他帶來更大的價值。這種「價值」更多地取決於消費者對該商品感知到的「潛在的」品質，而越來越少地依賴於它的事實上的品質。

1.擴大痛苦再施於人

人有兩種基本的人格模式，一種是逃避型，另一種是追求型。逃避型大都拒絕困難，害怕痛苦；而追求型的人正好相反，但更多的情況是集兩種特質於一身。人之所以採取行動，對於逃避型的人來說，是因爲如果不行動，痛苦將會大於快樂；對於追求型的人來說，則是因爲採取行動後，快樂將大於痛苦。消費者之所以購買某種產品，是因爲他相信它能夠給他解除某種痛苦。如果我們將這種痛苦戲劇性地誇大，用於產品的廣告創意策略中，就能給廣告受眾留下較爲深刻的印象，促使其採取購買行動。

海飛絲在臺灣和日本的廣告語是:「你不會有第二次機會給人留下第一印象。」此話聽起來悅耳，實際上暗藏殺機：誰要是不去消滅他的頭屑，可能葬送一生的事業。

在日本播放的電視廣告上，一位豆蔻年華的戲劇專業女生在決定性的入學考試前夕遭到頭屑的侵襲。「我的前途完了，」女生認命地說。這時候，海飛絲從天而降，拯救了她的職業生涯。

2.價值承諾循循善誘

如果我們在品牌的傳播策略中，巧妙地從商品的產生、發展到使用情景中提煉出一個特別的特徵、量化的指標，或創意出積極的情景作用、極端的誇張場面，消費者就會從中得出商品品質優異的結論。

「喝了娃哈哈，吃飯就是香」的廣告語，使成人煞有耐心地圍在電視機旁欣賞一幫小傢伙狼吞虎嚥的情景。而「媽媽，我要！」的童音更是爲「娃哈哈」產品激活一片積極的市場情景。要避免用陳舊的方式來表達引導的價值。對購買特性來說，引導的獨特性表現得越成功，這一策略也就越成功。

3.分類分級避敵鋒芒

消費者在認知產品的時候，都存在一定的認知定勢，他們會不自覺地把產品按照自己的邏輯與「同類」產品進行比較。如果我們通過創意，把需要推廣的品牌從消費者習以爲常的「概念抽屜」中取出來，劃歸到另一個「類別」或「等級」中去，就會避免與現有競爭產品展開激烈的競爭。

西門子 S10 手機最顯著的特點是它的彩色顯示功能，但是彩色有多大的實際用處呢？它只不過把菜單顯示得更加清晰易見而已，這並不能給消費者帶來什麼特別了不起的價值。除此之外，還存在消費者對彩顯功能感到失望的可能，原因是手機螢幕的色彩明顯不如電視或電腦顯示器幕那麼鮮豔奪目。最後，西門子終於在分級廣告戰略中找到出路：隆重宣佈——西門子 S10 手機是新一代商用手機。世界上有很多「彩色」都是新一代產品的標誌性特徵。如膠捲、電視等，因此將彩顯作爲新一代手機就容易被消費者接受，這與將彩顯作爲一種手機的新價值來宣傳是不一樣的，那麼，黑白顯示的手機就自然降格爲「過時一代」產品的標誌。

4.樹立新敵以長博短

爲推廣的品牌樹立一個令人意外的、可以替代的新「對手」，用推廣品牌的優點與「敵人」的弱點相比較。

20 世紀 90 年代初，箭牌口香糖的銷量開始徘徊不前。經過策劃，它出人意料地將香煙作爲自己的競爭對手。它引導消費者在不能吸煙的場所用咀嚼口香糖來代替吸煙。箭牌公司在廣告宣傳中戲劇性地展現了禁止或不宜吸煙場合，如在辦公室、會議或者前去拜訪岳父岳母，等等。實行這種「樹敵」廣告戰略後，箭牌的銷量重新回到上升軌道。

5.刺激消費者的內心「情結」

在每個人的頭腦中，都有許多「情感結」。一爲生理性的「情結」：當我們看見一個嬰兒、動物或者異性的身體時，就會產生一種可以觀察到的情感表現。另一種爲文化「情結」：對家鄉、某一地區、某些浪漫事件、某種時期懷有特殊的感情。如果用品牌傳播的創意不斷去刺激消費者心中這些已存在的「情結」，他們就會與該品牌融合在一起。

「青絲秀髮，緣系百年」的廣告語，以及大牌明星周潤發將 100 年潤發洗髮水輕緩地傾灑在夢中情人飄逸的長髮上時，溫情的微笑，不知引起多少東方女性的情感共鳴。

在幽長的青石鋪成的小巷，悠揚的「芝麻糊」叫賣聲，小男孩用舌頭舔盡碗底最後一滴黑芝麻糊……這情景勾起人們對童年的回憶。

6.消除內疚，達成購買

每個人對自己都有一些期望，期望自己是對家人、對朋友、對社會有責任感、義務感的人，當他發現自己的作爲不能達到這些要求時，就會感到良心的「不安」。如果我們通過廣告創意來刺激他的「不安」，並幫其消除「內疚」，就能促成其採取購買行動。

「幫寶適」是一種嬰兒尿布，20 世紀 50 年代剛在美國上市時，市場效果很不好。後來，廣告內容訴求點變爲：「幫寶適」能夠使您的孩子肌膚更加乾爽。有那一位母親不願意使自己的孩子乾乾淨淨呢？

7.展示個性，顯示身份

有些品牌的功能看似對消費者無益，如果通過與自然界的某些事物相類比，將問題直觀形象地展示出來，就可出現戲劇性的轉折。

很多消費者對真菌感染的腳氣病並不是很在意，達克寧膠囊在廣告創意中通過自然界原野上的野草「死灰復燃」的形象類比，給消費者心智留下了極深的印象。

5

品牌整合傳播組合

品牌的整合傳播是一項系統性的工作，它由廣告、銷售促進、公關、市場生動化等環節組合而成。一般情況下，企業會選擇其中一種作爲主要的傳播手段，而以其他手段作爲輔助，具體以什麼手段爲主，要根據企業的實際情況而定。

1.廣告媒介策略

如果沒有一個整體的媒體策略，就無法將信息通過合理的媒體組合全面傳導給目標受眾，並試圖感動、說服目標消費者來購買產品。在媒體選擇上，「東一榔頭，西一棒子」，今天那個雜誌找上門就做一個通欄，明天看那個報紙優惠得厲害就做一個整版，結果是打著了誰就是誰，打不著也就算了。這完全掉進了「遊擊戰」的陷阱。

在進行媒體組合時，如果能夠進行媒體創新，則常常可以起到四兩撥千金的效果。例如在爲某消費品企業做媒體組合時，別出心裁地開展送「福」鬧新春活動，有針對性地對家庭派送印有廣告的「福」字、春聯、掛曆，在半年後進行回訪時，可以發現那些「福」字和掛曆仍然整齊地掛在牆上。另外對學生贈送印有廣告的書包以及作業本，書包每天背在學生身上，就是一個個流動的活廣告，作業本帶回家，父母檢查作業，每天都可看到，真正是花小錢辦了大事。總之沒有詳盡、切實和科學的媒體計劃和廣告費用預算，很可能使你在廣告發佈上處於「冤大頭」的尷尬境地，既花了錢，又沒有達到預期的目的。

2.銷售促進

每一次促銷都應該慎重行事。

第一，促銷必須在提升品牌形象的基礎上進行，而不只是銷售完產品。例如可口可樂與大家寶的聯合促銷，就非常成功，其宣傳口號「絕妙搭配好滋味」用在聯合促銷上非常貼切，兩個品牌互相提升了形象。

第二，促銷應策劃週全，考慮方方面面，避免出現意外。每一次促銷活動，是對品牌管理者的一次嚴峻考驗，應該認真考慮以下問題：避免單一降價、考慮社會影響、為新品牌做促銷時應力求達到試用。

企業市場行銷人員不僅要選擇適當的銷售促進工具，而且還要作出一些附加的決策以制定和闡明一個完整的促銷方案，主要決策包括誘因的大小，參與者的條件，促銷媒體的分配，促銷時機的選擇，促銷的總預算等。

⑴誘因的大小

要想取得促銷的成功，一定規模的最低限度的誘因是必需的。我們假設銷售反應會隨著誘因大小而增減，則一張減價 15 元的折價券比減價 5 元折價券帶來更多的消費者試用，但不能因此而確定前者的反應為後者的 3 倍。事實上，銷售反應函數一般都呈 S 形，也就是說，誘因規模很小時，銷售反應也很小。一定的最小誘因規模才足以使促銷活動開始引起足夠的注意。當超過一定點時，較大的誘因以遞減率的形式增加銷售反應。通過考察銷售和成本增加的相對比率，市場行銷人員可以確定最佳誘因規模。

⑵參與者的條件

銷售促進決策的另一個重要內容，就是決定參與者的條件。例如，特價包是提供給每一個人，還是僅給予那些購買量最大的人。抽獎可能限定在某一範圍內，而不允許企業職員的家屬或某一定年齡以下的人。通過確定參與者的條件，賣主可以有選擇地排除那些不可能成為商品固定使用者的人。當然，應該看到，如果條件過於嚴格，往往導致只有大部份品牌忠誠者或喜好優待的消費者才會參與。

⑶促銷媒體的分配

市場行銷人員還必須決定如何將促銷方案向目標市場貫徹。假設促銷是一張減價 15 元的優惠券時，則至少有四種途徑可使顧客獲得優惠：一是放在包裝內，二是在商店裏分發，三是郵寄，四是附在廣告媒體上。每一種途徑的送達率和成本都不相同。例如，第一種途徑主要用於送達經常使用者，而第三種途徑雖然成本費用較高，卻可送達非本品牌使用者。

⑷促銷時間的長短

市場行銷人員還要決定銷售促進時間的長短。如果時間太短，則一些顧客可能無法重購，或由於太忙而無法利用促銷的好處。如果促銷時間長，則消費者可能認爲這是長期降價，而使優待失去效力，甚至還會使消費者對產品品質產生懷疑。亞瑟・斯特恩(Arthur Stern)根據自己的調查研究，發現最佳的頻率爲每季度有三週的優待活動，最佳時間長度爲平均購買週期。當然，這種情況會隨著促銷目標、消費者購買習慣、競爭者策略及其他因素的不同而有所差異。

(5)促銷時機的選擇

在現代企業裏，品牌經理通常要根據銷售部門的要求來安排銷售促進的時機和日程。而日程安排又必須由地區市場行銷管理人員根據整個地區的市場行銷戰略來研究和評估。此外，促銷時機和日程的安排還要注意使生產、分銷、推銷的時機和日程協調一致。

(6)促銷的總預算

銷售促進總預算可以通過兩種方式確定：

①自下而上的方式，即市場行銷人員根據全年銷售促進活動的內容、所運用的銷售促進工具及相應的成本費來確定銷售促進總預算。

②按習慣比例來確定各項促銷預算佔總促銷預算的比率。例如，牙膏的促銷預算佔總促銷預算的 30%，而香波的促銷預算就可能要佔到總促銷預算的 50%。在不同市場上對不同品牌的促銷預算比率是不同的，並且受產品生命週期的各個階段和競爭者促銷預算的影響。雖然不是所有銷售促進活動都能事先計劃，但是協調卻可以節省費用，例如一次郵寄多種贈券給消費者，就可以節省郵寄及其他相關費用。

企業在制定銷售促進總預算時，尤其要注意避免如下失誤：

- 缺乏對成本效益的考慮；
- 使用過分簡化的決策規劃，沿用上年的促銷開支數字，按預期銷售的一個百分比計算，維持對廣告支出的一個固定比例，或將確定的廣告費減去，剩餘的就是可用於促銷的費用；
- 廣告預算和銷售促進預算分開制定等。

3.市場生動化

市場生動化，就是要解決這樣一些零售終端的問題，通過氣氛營造、技巧陳列等手段吸引消費者的購買。市場生動化的主要手段有：店招、吊旗、海報、立牌、招貼畫、條幅、櫥窗展示等。

在二線、三線市場，摩托羅拉、諾基亞的市場佔有率比較低，國產品牌的手機在那裏是「廣闊天地，大有作爲」。波導、TCL、科健等，一方面給經銷商和零售店非常高的利潤，另一方面做好了終端的店面陳列。在一些二線、三線市場上看不到摩托羅拉、諾基亞的 POP，有些只有較少的模型機，除非是幾個大店，有摩托羅拉的專櫃或燈箱片。因爲摩托羅拉和諾基亞在這些地方的市場人員和宣傳品都比較少，另外一個方面是這些廠家的市場人員對自己的定位不清楚，在二線、三線市場採取了一線市場的做法。一些市場代表拿到公司的 POP 就去覆蓋最好的位置，其實不是最好的位置最適合你。在市場上，你一定有這樣的經驗，摩托羅拉剛剛把海報貼上，一會兒諾基亞的人來了，刷地一下撕下來了，把自己的貼上去。在一些地方，這樣的爭奪已經達到了白熱化的地步，尤其是一些大中城市的形象店。在二線、三線市場中，摩托羅拉可能只有 2 個人，而 TCL、波導可能有 20 個人，單就張貼海報這項工作，摩托羅拉肯定做不過波導、TCL。所以在有些地方，由於廠家體制靈活，申請促銷資源可能一週就能到手，而國外品牌可能需要一個月，在這樣的情況下，國外品牌在終端陳列上怎麼做得過國內品牌？造成在一些地方某些國內品牌是第二品牌。

作爲廠家也好，代理商也好，首先要分析一下自己的實力和資源，當你手上的資源不夠時是一種做法，當你手上的 POP 資源很多時又是一種做法。

4.公關贊助

目前，越來越多的企業在爭相扮演「企業公民」的角色，不僅銷售產品，還承擔一種社會責任，這增加了人們的好感。企業公民的形象，雖然不能直接帶來產品的銷售，但長遠地看，它會改變人們對企業的看法，間接地促進品牌的聲譽、形象以及銷售等。美國一項對 469 家不同行業的公司的調查表明：資產、銷售、投資報酬率均與社會公益成績有著不同程度的正比關係。

許多跨國公司都以積極參加公益事業的方式，作爲他們融入社會、實現本土化以獲得民眾認可的策略。

一些國際品牌的公關贊助，會非常有針對性，以建立某種一致的聯想。跨國公司不約而同地開展公益事業鎖定在三個領域：兒童教育、環保、體育事業。安麗公司全球總裁德・狄維士說：「其實，可選擇的公益項目非常多，但要確定那些事業可以通過你實現一些變化。我們的公益事業已確定兒童和環保為重點，當時有許多項目可供選擇，但我們認為兒童代表未來，有無限潛力，對他們的點滴幫助，都可能改變其人生的發展方向。環境更關係到我們每一個人的生活品質。」從狄維士的話中不難發現，在選擇公益項目時，他們其實是非常謹慎的，他們注重項目和時機的選擇，往往選擇能夠促進本身目標的社會公益事業，絕大多數的公益項目針對公司的主要利益相關者——客戶、員工、社區、政府官員或供應商，以有意義的方式提升公司的品牌形象。

5.軟性宣傳

太多的硬性廣告會給人以戒備心理，而軟性宣傳卻可以突破人們心理的防線，輕而易舉地進入受眾的心扉。這就是一些企業為什麼設立新聞中心的原因所在。新聞中心的主要工作是寫軟性新聞稿、保持和媒體的良好關係，使企業在危機公關時能處理自如。

軟性宣傳要把握兩點：

⑴製造新聞點

為企業進行炒作已經是任何企業的共識，就連一般的鄉鎮企業都知道新聞炒作的好處。但問題是如何進行炒作。如果炒作僅僅流於一般形式，那麼就難以引起注意。找到一個好的新聞點，是炒作成敗的關鍵所在。

⑵要常抓不懈

在傳播氾濫的今天，一篇二篇文章，根本就是撓癢癢。要把軟性宣傳作為一項常規的工作來抓。企業的形象決不是一朝一夕就能建立的，只有連續不斷的出現在公眾的視眼，才會產生從量變到質變的效應，企業的良好形象才可能根深蒂固。

讓我們看看貝納通是如何成功運用新聞媒介的：

20 世紀 60 年代發源於義大利的服裝品牌貝納通，由一個家庭小作坊開始，到今天已經在全球擁有數千間零售店。貝納通的崛起，有一個重要的原因，便是其成功的新聞炒作策略。它的標新立異的廣告在許多國家被禁止張貼，從而引起大眾關注。自 1985 年開始，貝納通的廣告開始介入爭議性的話題，並且不論輿論的毀譽一直堅持，以求得到廣泛的注意。然而仔細評估可以發現，貝納通比較富爭議性的系列廣告，其實刊登的次數都很少，且經常被禁止，消費者看到的貝納通廣告經常是在新聞版面上，大量的評論和連續報導讓貝納通名聲大燥，貝納通雖然一直在爲自己的廣告遭禁而喊冤，但他們知道自己才是最大的贏家。

6.關係行銷

三維行銷理論認爲：行銷人員應該向消費者提供 3 個方面的利益。

特色鮮明的功能利益：也就是說與競爭產品有明顯區別的產品功能特色。

消費過程中的利益：努力使消費（買賣）過程更方便、輕鬆、愉悅、快捷、便宜。

關係利益：揭示硝費者的行爲，明確其消費願望，並讓消費者爲此得到肯定和獎賞，如在各航空公司、著名化妝品品牌中盛行的「俱樂部」就是持續關係利益的維持。

當前，行銷人員普遍重視第一點「產品功能利益」，逐步重視第二點「過程利益」（服務），在第三點「關係利益」上普遍做得不夠。

關係行銷正在被越來越多的企業認識並利用，如麥當勞、家樂士、寶潔、聯合利華。典型的例子是寶潔成立的玉蘭油俱樂部成員已經超過了 25 萬人。建立關係行銷的具體措施可以包括：

⑴建立會員俱樂部。

⑵創立俱樂部內部刊物，傳達業內信息、動態，開展諮詢，達到互動溝通，並逐步將此刊物辦成業內權威刊物。

⑶在特定時間內，在廣告資料中附帶表格，收集準客戶的信息，發展成為俱樂部成員。

⑷通過 Internet 網路發展俱樂部新一代成員。

⑸通過完善的數據庫管理，建立起完整的信息收集和回饋機制，使市場調研和行銷測試變得更為迅速、有效。

心得欄 ------------------------------------

6
廣告是塑造品牌最有效的捷徑

要想讓廣告有效地俘獲目標消費者的心靈，一方面要求廣告創意的突破，另一方面，也必須恪守廣告聚焦法則，否則就會造成廣告投放的低效、廣告支出的浪費。

首先讓我們來看看煤體的發展趨勢：

Internet 上的廣告篩檢程式已經出現，雖然技術還不成熟。

在美國，電話廣告篩檢程式可以使主人免受電話廣告的騷擾。

過濾掉所有電視廣告的電視廣告篩檢程式從技術上講，是可行的，剩下的只是電視臺的選擇。

有人預測，未來新科技能夠生產出一種篩選器，這種篩選器就像經紀人一樣，替我們擋掉不想要的信息。這也意味著廠商要想得到消費者的注意會越來越困難。

想一想，有上百個電視頻道可供我們選擇時，我們會抱怨：「沒什麼好看的。」這正如菲律賓總統馬科斯的夫人伊梅爾達打開她收藏了 3000 多雙昂貴鞋子的櫃子，然後說：「我沒有鞋子穿！」老佛爺慈禧太后面對 108 道山珍海味，她會說：「無以下箸。」這就是注意力分散。

「東西愈來愈多，我們知道的卻愈來愈少」，人的生命中所有的縫隙都將被媒體填滿。但人是聰明的，自然會產生心理防禦機制。雖說生活越來越複雜，但人卻越來越能體會到簡單價值之所在，也就會有越來越多的消費者寧願多付點錢，也不要做選擇。也許不久的將來，企業和品牌鎖定的目標將會分爲兩類：一類是那些會花時間省錢的人，另一類就是那些會花錢省時間的人。我們發現屬於後者的人數愈來愈多。

諾貝爾經濟學獎獲得者赫特說過：「隨著信息時代的發展，有價值的不是信息而是你的注意力。」

注意力將成爲品牌競爭時代最稀缺的戰略資源，故此「受眾的注意力」已成爲現實市場環境下品牌間競爭加劇的動力。在某種程度上，品牌的競爭說到底是對注意力的競爭。而注意力能否成爲恒久的資源，取決於信息源的影響力，也就是品牌競爭力。

廣告聚焦，塑造品牌。廣告聚焦法則如下：

1.廣告通路聚焦

美國著名行銷專家湯瑪斯·柯林斯指出：「媒體選擇的效果最大化，意味著企業要對每一個特殊機遇保持警覺，特別要關注最有優勢的媒體對於最大化行銷的作用。」

正是由於廣告通路的複雜性，因此廣告投放就不宜分散，而應集中廣告預算，堅持聚焦法則。這時，一定要選擇那些強勢媒體，以廣告塑造品牌，充分運用傳播勢能。

同樣的廣告作品，在不同的廣告場合、不同的媒體平臺上播放，取得的廣告效果也不盡相同。不同的媒體具有不同的媒體形象，媒體形象包括節目形象、頻道形象和電視臺形象。媒體形象對廣告效果有很大的影響，如果媒體形象與廣告品牌形象類似，則媒體對於該品牌具有較高的價值，會產生更好的廣告效果。另外，處於領導地位的媒體，廣告環境更好，對其受眾有較大的影響力，會使媒體上出現的廣告具有較好的說服效果。

2.廣告投放聚焦

如今產品多、媒體多、廣告多，消費者的品牌承受能力卻不會增長，在這種情況下，要想把產品和品牌植入消費者的心中，企業必須集中再集中、簡單再簡單，使企業與品牌信息的傳播有很強的針對性，這樣才容易鑽到消費者對各種信息已經麻木的腦袋裏。

應用心理學上的一個重要成果就是發現了人的「感覺閾限」：當我們把 100 克的重量放在手上，然後再加 1 克，任何人都感覺不出重量已增加。要想感覺出重量的增加，必須加到 3 克或更重的重量。換句話說，如果重量增加達不到 3 克，我們就感覺不出重量的變化。這種剛好能引起感覺變化的刺激物的最小變化量，稱之爲差別感覺閾限。在閾限下的刺激變化，我們感覺不到；只有刺激變化越過閾限，我們才能感覺得到。無孔不入、無所不在的廣告也是如此，氾濫的廣告信息會刺激消費者對廣告心理免疫系統的形成。當人們對廣告的免疫系統形成時，企業就得花更多的錢去做廣告。

市場行銷與廣告策劃的經驗都表明，廣告的投放也必須聚焦。成功的上市活動總會帶動第一年的人氣，而第一年的廣告花費會比接下來的一年高 2/3。企業產品初次投放市場時，還處於市場開發階段，廣大消費者對其完全或相對陌生，所以應通過產品的包裝設計以及運用廣告等各種促銷手段宣傳產品的功能，促使其儘快打入市場。

3.廣告管理聚焦

在企業的市場行銷組合中，廣告作爲最重要的信息傳播與促銷手段，在具體運用中肯定需要大筆的費用。一般情況下，這筆費用要佔到企業行銷總開支相當大的一部份。從這個意義上講，廣告的浪費是企業最大的浪費。

因此，企業必須明確廣告是企業運營成本的重要組成部份，是企業管理的一項重要內容。但無論企業在組織形式上採取何種形式管理，廣告管理必須堅持聚焦法則，採取集權管理，由企業最高決策者親自抓。這是整合行銷傳播的要求，也是品牌一律的要求。

採用不同的廣告形式，其費用也會有很大的差別。因而需要分析廣告效果與廣告費用之間的關係，並考量企業的支付能力，根據自己的經濟能力和廣告成本等指標，對能覆蓋最大多數目標消費者的媒體進行選擇，據此確定相對效果好和相對費用低的廣告形式，以尋求廣告費用的最佳效益。

同時，廣告管理聚焦法則要求企業高層必須掌控廣告支出的權力。如果將廣告的具體投放權力下放到企業的中下層，甚至下放給經銷商，一方面不利於廣告對品牌價值的積累作用，另一方面也易於形成廣告管理「黑洞」。

經銷商爲產品或品牌做廣告，更傾向於促銷廣告，但促銷廣告一旦掌握不好，對品牌資產的積累與品牌的長期發展都將產生不利的影響。同時，經銷商選擇的廣告媒體，多爲自己熟悉的媒體，以及折扣給的高的媒體。對於經銷商來說，地方性的媒體是其首選。

許多實力雄厚的國外品牌進入後，主攻地方媒體，採用地區滲透策略，這一策略是以國外品牌幾十年甚至上百年的品牌知名度和品牌競爭力爲基礎的。但一些國外品牌只重視地域性廣告的投放，大品牌反而做成了區域性品牌。

隨著國外品牌對本土市場更爲準確的把握，其廣告也逐漸向強勢媒體聚焦。

4.廣告定位聚焦

廣告管理是品牌管理中最核心的部份(廣告管理是一項系統工程)。無論是產品的賣點，還是消費者的買點，抑或是行銷溝通主題，都具有階段性的同一、統一的基本特點，再加之出於樹立產品品牌、企業品牌及產業品牌形象美譽度的需要，這就使廣告具備了系統工程的特徵，要求廣告的投放要有完善的計劃和系統科學的管理。

廣告大師大衛·奥格威曾指出:「每一次廣告都應該爲品牌形象做貢獻，都要有助於整體品牌資產的積累。」既然每一次廣告都是對品牌形象的長期投資，廣告傳播理念就必須與品牌建設理念相結合，一切廣告傳播活動應集中於創造品牌價值、增加品牌資產的原則上來。

在如今的信息社會，消費者每天所接受的廣告信息數不勝數，然而，消費者的心理空間畢竟是有限的。要想牢牢地搶佔消費者有限的心智資源，就必須對廣告定位進行聚焦。

7

贊助活動有助傳遞品牌價值

(一)贊助有利於快速創建強勢品牌

在品牌創建的過程中，贊助在很多方面都發揮著潛在的作用，其中有些是贊助策略所獨有的，而其他的品牌傳播方式所沒有的。贊助的主要的目標通常是爲品牌創造展示的機會和建立品牌聯想。另外還有幾個有利於品牌創建的內容與贊助的選擇和評估密切相關：爲創建品牌激發起品牌管理組織的積極性；爲消費者提供有關的經驗；推介新產品或是新技術以及將品牌活動與消費者建立密切聯繫等等。

1.為快速創建品牌而激發起品牌管理組織的積極性

2002 年森達集團贊助「我最喜愛的春節晚會節目評選活動」,通過這次贊助森達員工會爲自己的企業和春節晚會之間有著直接聯繫這一事實而興奮不已，從而感到自豪，使僱員參與到活動中產生這些情感上的收益。

當豐田公司和五十鈴公司贊助的兩支球隊在日本籃球決賽中進行較量的時候，這兩個公司的職員對比賽的結果都給予了極大關注，想像一下俄亥俄州或是德克薩斯州的橄欖球迷們對接受某品牌贊助的球隊成員的癡迷和狂熱。

同時由於贊助活動要調動企業各方面的資源，也需要企業各個部門協調一致的進行工作，這就能激發各個組織的積極性，從而達到優化企業資源的作用。

2.為消費者提供品牌體驗

讓消費者親身體驗活動是增進消費者與品牌以及品牌組織機構之間聯繫的絕好機會。

如果讓消費者體驗活動，特別是當該項活動具有一定威望的時候，企業就可以向他們充分展示該品牌及其組織機構。另外，它還爲獎勵重要的客戶提供了既可行又獨特的方法。假設某項活動的贊助已經結束，但獎勵機制卻可以一年年地持續下去，這樣就鞏固了消費者與品牌之間的關係。除此之外，這項活動還可以在輕鬆的環境下與重要客戶進行互動，如果沒有這項活動作爲背景，這一目標是不容易實現的。如：寶潔公司「飄柔之星」評選活動就提供給消費者一種品牌體驗的機會，而這種「獎勵」給參與活動者所帶來的利益已經不僅僅是簡單的物質利益所能衡量的。

讓消費者參與到活動中來。例如，可口可樂 1998 年足球世界盃前選出可口可樂小使者，並讓他們去法國參與足球賽開賽前的進場儀式，這樣可以使他們成爲品牌或活動中的一員。特別是在不同場合下多次重覆這種經歷後(比如說，每年一次)，消費者對品牌就產生了極大的忠誠。這種密切的關係對於品牌來說才是一種真正的盈利，特別當消費者被看作品牌組織機構的「自己人」，或品牌贊助活動與消費者本人的身份、個性或生活方式有關聯時，最有可能產生這樣的親和力。

3.推介新產品或新技術

2000 年雪梨奧運會前波導手機贊助奧運會新聞報導團赴雪梨進行報導，其實就是一個新產品的推介活動，它抓住了現場記者報導需要及時、準確的特點，利用「奧運記者三件寶，電腦、相機和波導」的概念傳播了波導手機品質好、信號強、通話清晰的技術特點，從而借助這種關聯性傳播了產品的優勢。

介紹新產品或新技術最有效的方法就是依靠宣傳。如果介紹內容十分新奇、有趣、重要，值得借助新聞報導的話，品牌創建的目的就更可能得以實現。與廣告相比，新聞宣傳不僅僅在經濟上划算，而且可信度更高。

4.為品牌創造展示的機會

通常，最能證實贊助活動價值的方式，便是衡量品牌名稱在活動宣傳和看板上出現的次數。在這種條件下有一種衡量展示效果的方法是分別進行關於品牌知名度的事前及事後調查。大量事例表明由於贊助活動的開展，公眾的品牌意識會大幅度地增強，特別是當品牌借助其他行銷活動來加強贊助活動效果的時候。比方說，一家以前沒什麼名氣的公司發現在他們贊助某支足球隊後，觀看該隊比賽的觀眾(佔 53%)與那些觀看其他比賽的觀眾(佔 22%)對品牌的熟悉度都高。比如森達就通過贊助 2002 年「我最喜愛的春節晚會節目評選活動」使品牌知名度提高了 20%，同時品牌的好感度也大大提高。

另一種方法是統計在贊助活動中，活動場地的看板或人們的參與活動時發生的品牌出現頻率。有時企業也會分析對其贊助活動所進行的電視報導，來計算出品牌得以展示的有效時間，這樣就可以確定出這段時間的價值了。

活動場地週圍廣泛標誌牌對人們的影響可以通過調查該項活動所涉及的人數來進行評估。如 2002 年足球世界盃整體收看人群可達到幾十億。當然，包含著明確信息的廣告無疑是更為有效的(儘管廣告顯然更爲商業化)，因此，某些不被重視的因素還是需要加以考慮的，即使品牌在贊助活動中的出現率被認爲僅佔其在付費廣告中出現率的 10%，但是由此而產生的價值超過贊助活動總成本的現象卻並不少見。

僅僅是出資而成爲贊助商和以贊助單位名稱爲活動命名這兩種贊助行爲應區分開來，後者還有兩個優點。第一，以贊助單位名稱命名的賽事的宣傳活動可以借助大量的新聞報導，更有助於達到創建品牌的目標。第二，與成爲活動的贊助商之一相比較，在以品牌名稱命名的活動中，品牌與該項活動之間的聯繫則更爲緊密。

5.豐富品牌聯想

之所以贊助能作爲快速建立品牌的一種重要方式的原因，就是希望借此建立起所期望得到的品牌聯想：

(1)與被贊助項目建立相關的聯想

和某個品牌一樣，一個接受贊助的活動項目與外界有著各式各樣的關係。有一些是歷史較爲悠久的，而另一些則較爲年輕。有些被認爲適合男性同胞(如賽車、拳擊)，而另一些則十分女性化(如女子花樣溜冰)。同樣，這些項目都有其各自不同的特色：滑雪比賽令人興奮，足球賽叫人爲之狂熱。

在贊助作爲快速創建強勢品牌時，有這樣四種聯想是值得注意的：

①被贊助的活動其本身功能上的特點

例如，一場全國模特大賽與相關服裝以及模特選拔的大賽特性都有很大的聯繫，一個內衣製造商或服裝製造商就可以從這些關係中獲得益處。

②領導地位

許多品牌在各自的行業中明確地處於領先的地位，這通常意味著它們是富於創新精神的、成功的、可信的。然而，如果企業自吹自擂甚至自己宣稱第一畢竟有些不便，而且效果也不好，消費者也不一定會買賬，因爲「本品牌處於領先地位」這樣的話語通過單純的廣告向消費者進行傳播會讓人產生空洞、虛僞的感覺。但贊助就能完成這個責任。如對體育賽事的贊助則可在幾個方面來幫助品牌鞏固其領先的地位。首先，很多活動本身給人們的印象就是最好的或是最有聲望的——像各種項目的世界盃以及奧運會都屬於這一類型的。其次，因爲所有的體育比賽都有獲勝者，因此與獲勝有關的聯繫以及努力實現獲勝所需要的決心和才能都會在任何與比賽有關的事物上反映出來。

③地方性特徵

對於很多品牌來說，由於市場區域較大，與組織有關的重要聯想是贊助地方性活動，這是建立起社區聯繫的一種很好的途徑，由此可發展與地方的更爲密切的關係。在一項調查中，

2/3 的被調查者表明對那些參與社區及基層群眾活動時公司更有好感，而僅有 40%的人對贊助全國性活動的公司表示同樣的好感。

爲了製造更大的聲勢及建立良好的協作關係，應該將各式各樣的地方性贊助活動聯繫在一起。阿迪達斯街頭挑戰賽就是一個很好的例子。(如阿迪達斯會選擇在一些大型城市舉辦各種比賽)。現在阿迪達斯公司每年都會組織很多活動，地方性比賽是在當地的組織、運動俱樂部及零售商們的幫助下組織起來的。零售商也可以「租借」比賽或是另外舉行由他們自己主辦的活動。

④社會化責任

對於一個品牌來說，通過贊助有利於社會公益的活動(也許可以通過改善環境甚至是社區條件的方法)可以向公眾表明該組織除了製造產品以外還有其他的社會價值觀和信念(比如，麥當勞迎接國際兒童日的贊助；聯合利華贊助組織的「青山綠水活動」等等)。而這個價值觀可以與產品的特徵和品牌核心價值相關聯，也可以與品牌的目標對象有關聯(如麥當勞針對兒童)，也可以是爲了避免產品所帶來的負面影響增加品牌的好感度(如聯合利華廻避環境污染)等等。

⑵將品牌與被贊助的活動項目聯繫起來

一個品牌並不會自動地將自己與其贊助的活動聯繫起來。比如「腦白金」杯模特大賽，就是一個沒有將品牌與活動建立密切聯繫的例子，腦白金這個品牌的個性與主張與活動的性質甚至活動的對象以及活動廣告傳播的對象存在著根本的差異，對於活動的贊助最後只能成為強化品牌知名度的手段，而這種知名度又沒必要通過這種方式進行強化，同時腦白金試圖通過這種帶有社會性質的贊助建立品牌好感度的目標也會由於傳播對象的錯位落空。

⑶贊助或改善品牌形象

被贊助的活動具有可視性，有期望的聯想，並且與品牌有關聯，因此最後一步措施就是要將這些聯繫與品牌結合起來，從而使品牌形象得到改善或加強。其中有兩種過程是可以概念化的。

第一，人們希望品牌與贊助活動協同一致。心理學家們發現，當某個重要聯想(比如說層次較高)與被贊助的活動發生聯繫並且反過來又與品牌結合在一起時，人們會傾向於加強「該品牌也是高檔次的，有品質的」這一觀念，以便使自己在認識上更為一致。

第二，在奧運會、世界盃這樣的氣氛下，勸服人們相信某一品牌是有強大實力，可能會容易一些，人們形成這種觀念的可能性也比較大，並且印象會十分深刻。

①聯想需要恰好的吻合

當贊助活動的聯想與品牌聯想恰好吻合時，品牌形象很容易得到改善。下面就是個很好的例子：

人們通常把世界盃比賽看成是耐克與阿迪達斯的較量賽，因為每次世界盃兩家公司都會贊助參加世界盃足球比賽的隊伍，(如 2002 年韓日世界盃就各贊助了十幾家球隊)，而最後奪冠的是那個品牌贊助的球隊，這個品牌的價值就會得到自然提升。如 2002 年巴西奪冠，耐克就利用這個結果進行宣傳，大大提升了品牌價值，相反阿迪達斯就沒有那麼幸運，錯過了這個有利的機會。

②創立屬於品牌專有的活動

例如喜力啤酒每年的夏天都會舉辦「喜力搖滾音樂會」，主要的對象當然是年輕時尚的消費者，但他們會邀請來自世界以及搖滾歌手參加活動，這個活動每年都會吸引很多搖滾愛好者以及年輕人參加，甚至已經成爲每年夏天年輕人熱切期盼的活動，這個活動無疑是傳播喜力品牌個性以及培養品牌忠誠度的大好時機。

6.強化顧客關係的一部份

⑴品牌可能需要擁有其贊助的球隊或活動

它們將會被長期打上品牌的標記，冠以品牌的名稱（例如賽車隊大獎賽中的豐田車隊、法拉利車隊）。同時，品牌也會與在活動中發揮作用的某一產品聯繫起來。比如模特大賽中飄柔洗髮水、寶姿服飾都可以成爲贊助產品。

⑵這些活動將成為人們生活的一個組成部份（而不是正好有空碰巧去聽的一個音樂會）

出現這種情況的特徵包括人們參與程度的變化，開始關心有關的新聞報導，將自己的參與活動展示給他人，使其成爲生活的一種標誌等。

⑶某些人認為品牌與某項活動定下贊助協議是一種冒險行為，這種想法有利於附帶影響的發生

很多贊助活動有一個基本的道理，即由於觀眾喜歡其贊助的活動並且能從活動中得到樂趣，這種肯定的態度很有可能轉移到品牌上來。同樣的道理，人們對某個廣告的喜愛也是該廣告成功有效的一個重要原因。實質上，人們喜愛一個廣告的結果不僅是產生興趣和關注，這種喜愛還能轉移到該品牌上來。在贊助的活動中，也很有可能出現同樣的現象。

(二)極大地發揮贊助效果的6項原則

要使贊助成爲快速創建強勢品牌的手段，一家公司如何成功地確定並且運用其贊助策略呢？

1.品牌要有明確的傳播目的

贊助的戰略方針要與品牌傳播目的相適應。通常有3種傳播目的：增加品牌的暴光率、知名度，加強品牌聯想和發展顧客－品牌關係。以上三個點每一點對於贊助策略來說都是很重要的決定因素。

當然，具備明確的傳播目的，首先要對品牌的核心價值(也就是品牌生命點)、品牌個性、核心識別、延伸識別和價值取向有一個明確的深入瞭解。同時還要決定優先考慮的環境因素。贊助的目的是要加強還是改變品牌聯想，或是兩者兼備呢？因此，這方面的必要知識可以促進贊助策略的確定，不僅是贊助項目的選擇，而且是贊助的管理和開發利用。

2.搶佔先機、巧用資源

贊助的誘惑在於公司只需要在現成的機會中進行挑選，而某些公司每年在這方面都會接到成千上萬個邀請。但是，在選擇贊助方式時需要搶佔先機，首先要根據理想中的贊助活動確定一套標準，然後列出較符合標準的選項。搶佔先機可以使贊助活動更加新穎獨特，並且可避免出現混亂的情況。同時也應該考慮到競爭對手對於資源的利用，爲了能夠精確地評估可能實現的贊助，企業需要掌握一些基本的信息，以便確定目標受眾和品牌需要建立的聯繫。根據受眾的不同個性制定一系列不同的贊助活動，並且將互相吻合的安排在一起，這在傳播活動中通常有助於贊助策略的篩選。

3.進行有機的融合

贊助活動與品牌之間特殊的適應性要比一般的適應性好得多，勉強適應或是無法適應都是極大的阻礙。特殊適應性的一個重要點就是能夠證明產品與贊助的內在本質相符合。如杜邦導熱內衣與白令海峽探險活動之間的適應性就是一個很好的例子。

4.擁有贊助

成功贊助的關鍵任務在於品牌與有關活動的聯想發生緊密聯繫，當品牌成爲活動本身一個不可分割的部份時，這一任務就能更容易、更有效地完成。成功的真正關鍵是要長期地而不是只在活動開展期間擁有贊助權。比如：奧運會只允許一個行業有一個品牌進行贊助，每次柯達、富士，可口可樂、百事可樂都爲了贊助權爭得不可開交。

5.極大化利用贊助宣傳的機會

大多數有效的贊助都是有規律可尋的，由於贊助資源的特殊性以及獨有性。通常來說，一次成功的贊助所花費的預算成本應是普通贊助費用的 3 到 4 倍；這些多花費的資金必須起到以建立品牌與活動的聯繫的作用，並盡可能地發掘活動潛在的利用價值。另外，如果某項活動中，發佈活動或產品的策略本身就有宣傳價值，這種發佈方式本身就很有吸引力就用不著大費週折製造什麼活動了。因此，如果你贊助了活動，你必須最大限度去利用這個資源(可以借助贊助進行促銷、可以利用冠名結合廣告進一步強化品牌知名度以及品牌個性等等)。比如：耐克在世界盃前所舉辦的比賽不但事先使要在世界盃上亮相的超級足球明星先熱熱身，進行示範性比賽，還讓眾多的普通消費者也有了熱身、親身體驗的機會，極大地利用了耐克贊助世界盃的資源。

6.利潤最大化

通過創造展示為贊助商們帶來了利潤。其實，贊助還可以通過其他方法來達到品牌創建的目的。如讓重要的顧客參與活動，推介新產品，為創建品牌而激發起各組織的積極性，以及使品牌介入活動與客戶的聯繫中。

相比之下，那些擁有強大資金來源的實力雄厚的品牌可以從贊助中獲得更多的利潤；而小品牌則處於較為不利的地位。通常，買下贊助權需要花相當多的錢。為了能通過贊助活動盈利，小品牌可以考慮與其他有實力的品牌進行合作。當然要發揮贊助對於快速創建強勢品牌的積極作用，除了以上幾點原則外，還會有一些標準，但要認識到，成功的贊助不會憑空出現——它必須是一個有步驟的規劃過程，首先需要制定目標，再制定一項合適的計劃以達到目標，最後由結果來進行檢驗。考慮到贊助是一個品牌聯手合作的過程，因此需要不斷地運用企業資源，以及積極地創造品牌知名度和相關聯想。

8

感動——品牌溝通的關鍵

「消費者太不忠誠了」，這是行銷人士的抱怨。只要一打價格戰，消費者立刻轉移，有時只是有新的牌子新的概念出現，消費者就會嘗試。行銷的手段因此變得單一，降價，玩概念。行銷的水準似乎很低，市場的次序由此很亂。另一邊，消費者抱怨企業短期行爲，做表面文章，購買前後兩副面孔。究其原因，企業沒有感動消費者，消費者也沒有被品牌感動。

1.對於品牌的感動是如此稀缺

人們很容易知道一個牌子，也容易記住一個品牌，但是，人們不容易對於一個品牌滿意，也難以建立對於品牌的忠誠，更不要提對於品牌的感動了。

感動是基於人性中對於真善美的追求。無論物質多麼發達，無論科技如何進步，無論中外文化差異多大，人們都渴望感動。但是，在這個物欲橫流的社會，人們生活在麻木和理性之中，生活在不滿和迷茫之中。不要說商業體驗，就是在人們的日常生活體驗中，感動也是極其稀缺的。唯其稀缺，人們更加渴望感動。這種渴望感動的需求的存在，是感動行銷存在的基礎。也是由於這種需求的存在,「感動」頻繁地出現,感動行銷才有了市場。

如果一個品牌,曾經感動過人,那麼品牌與人就不是商品與人那麼簡單的關係了。如果有一個人說,我只用這個牌子,這是我的牌子,那麼,他一定曾被這個品牌感動過。但是,他是如何被感動的?又是被什麼感動的呢?這就需要進行品牌剖析,品牌的價值是如何構成的?又是如何表達的?

2.消費者為何心動?

有相當多的人單純地以爲品牌就是打廣告,做活動,做宣傳,做標誌設計。他們以爲品牌是市場部的事情,是給客戶看的。其實,品牌是與領導者價值觀和企業文化息息相關,是由內而外的。員工,經銷商,產品,組織體系,內部機制都體現了品牌,都是品牌的載體,因此,一個在外部可以感動消費者的品牌,在品牌的內部一定有堅實的基礎,有相應的企業價值觀和企業文化,有匹配的產品設計和市場行銷的理念,體現了品牌價值的各個維度。

⑴企業文化:出自誠信,發自良知,堅持原則

品牌價值有一個被企業忽視的要素就是品牌的社會特徵,包括公益,回報社會,環保,誠信等。感動行銷出自誠信的企業文化,才能感動消費者。古時候商業恪守「童叟無欺」的原則,講究「君子愛財,取之有道」。一個不堅持原則的企業,不講究商道的企業,根本談不到感動行銷。遵循基本的商道和企業「做人」的原則是感動行銷的基礎。

「大宅門」中白景琪焚燒了價值七千萬的不合格中藥,如果放在今天就是感動行銷的典型案例。而今，不少企業認爲自己可以操縱消費者，製造感動，騙取消費者「廉價」的感情，也許一時「吸引」或者「打動」了消費者，但是，那不是消費者內心的感動，追求目的不同，結果不同，最終消費者會摒棄這些不講誠信原則的企業。爲了感動而去製造感動，得不到感動的回報。就像公司裏最看重錢的人反而得不到最高的報酬，那些爲了責任心和內心成就感的員工提升得最快。

⑵**產品設計理念：感動源於產品，細節體現價值**

品牌價值必須是可感知的。可感知的價值卻往往被企業忽視。作爲技術專家，作爲企業決策者，產品設計技術領先，花費了更高的成本，超過了競爭對手，就是有價值的。但是，對於用戶來說，往往並不領情。他們不會爲一個自己無法體驗和感知的技術和成本而付費，更不會爲此感動。感動在於使用中，在於產品的細節中，只有細節才讓消費者感知。從細節中感受體貼，感受關愛。產品同質化以後，細節更加重要，有細節才有差異化。所以說，感動並不是服務業的專利，而是製造業、政府等都適用的。

櫻花是一個燃氣爐品牌，調查發現，此品牌的認知度不高，但是忠誠度非常高，爲什麼呢？因爲它的燃氣爐具常年免費送油網，因爲別的產品會漏殘渣，他是一體化的，容易擦洗。在這個細節中，用戶被感動了。一旦被感動，就是永遠的口碑傳播者和忠誠使用者。而另一個品牌，使用了更好的更高級的主體材料，消費者卻並不買賬。

⑶拋棄華麗包裝，回歸人性自然

現代行銷有很多的偏失，認爲時尚的廣告，熱鬧的活動，華麗的包裝就是行銷，其實，人性都是樸素的。感動不是華麗的詞藻，只是我們最樸素的需求。不要包裝，不要矯情，感動行銷應該拋棄目前的華麗外表，回歸人性的本源，自然的本源。

感動通常和家庭有關，和孩子有關。從來沒有聽說孩子用華麗的詞藻和時尙的包裝，相反，就是由於孩子單純，孩子依賴，其語言表達能力差，更易讓人感動。柯達膠捲的廣告，從來都有孩子，從來是普通生活的場景，孩子的哭，孩子的笑，孩子的尷尬，孩子的頑皮，感動了一代又一代人。

感動通常和人性有關。人性是崇尙自然的，「立邦漆」在草原上的小屋和泉水一般的音樂那樣讓人喜悅和感動，就是自然的力量。人性不喜歡虛僞複雜，喜歡單純和簡單的，喜愛溫暖和友誼，真誠與和諧。無論科技多麼進步，社會如何發展，每個人內心都有對於人性的渴望。

⑷非理性的感動

無論是認知度、記憶度、美譽度，還是滿意度，還是品牌以及忠誠，在某種程度上，都是非理性的。對於品牌的追隨通常是非理性的，因爲感動是非理性的。所謂的理性，只是給自己的非理性尋找一個支持的理由。記憶是一個特別理由，滿意是超出你的預期，品牌是情感的聯繫，忠誠是依戀，都是理性難以度量的。

「年輕的時候，過馬路，他的一個保護動作，讓我感動，我從心理接受了他做我的男朋友。雖然理性中已經知道，這只是社會的習俗，但是，就算在今天，每次過馬路時，我還是會爲這個動作感動，雖然只是在心底。」被保護的感覺是消費者在很多領域追求的。有一次電訊的消費者座談會，他們指著一張兒子騎在父親肩上的圖片，說，「企業是巨人，是父親，我是兒子，被他關愛著，這是我喜歡的。」在很多專業領域，企業在技術上是強勢的，消費者在心裏上是弱勢的，消費者需要這樣非理性的保護和關愛的感覺。消費心理經常都是非理性的。

同樣，消費過程也是非理性的。特別女性消費者，非理性的成分更大。因爲被一個新穎可愛的促銷產品感動而購買價值高得多的產品，是一個非常普遍的現象。調查表明，93.5%的18～35歲的女性都有過各種各樣的非理性消費行爲，也就是受打折、朋友、銷售人員、情緒、廣告等影響而進行的「非必需」的感性消費。非理性消費佔女性消費支出的比重達到 20.0%。這種感性消費並非事前計劃好的，所購買的商品也非生活所必需的。感動是這些非理性購買行爲的動因。

⑸和你一起慢慢變老

品牌內涵持久不變，但是，品牌的外在體現要與時俱進。和你一起慢慢變老，這是令不少女孩子感動的境界，也是企業追求的境界。有沒有那一個品牌，可以伴隨消費者成長，可以如此深入地根植在消費者的心中。消費者希望有一個牌子和自己一起經歷歲月和環境的變化，知道自己的需要，體貼自己的需要，那麼，作爲企業，就要隨時洞察客戶的需要及其變化，不斷以新的方式，新的產品服務於消費者。

與其說感動行銷，不如說真誠行銷，感動既不是出發點，也不是目的，只是過程之中的一個節點的結果。儘管人們說這個社會人人急功近利，但內心中人們其實不會與功利的人做朋友，發生感情，那就更談不上被感動。如果為了感動而去行銷，消費者不是傻瓜，他們有非常強的防衛心理，感動就會更加稀少，感動是可遇不可求的。用心去做、真誠待客過程之中，消費者就被感動了。

品牌案例：百事可樂改變定位搶市場

百事可樂與世界上最強大的品牌可口可樂競爭，一開始是以可口的廉價替用品出現的，它針對可口可樂 6.5 盎司的包裝展開推廣——「百事可樂真正好，12 盎司裝得滿！一份錢，兩份貨，你的飲料百事可樂！」

但可口可樂自有對策，其中最簡單有效的便是「封鎖競爭」。百事可樂推出 12 盎司的罐裝可樂後，可口可樂隨後就撤掉了 6.5 盎司的產品，推出與百事相似的包裝來封鎖對手，優勢又重新回到了可口可樂手中。

在百事可樂與可口可樂長達一百多年的戰爭畫卷中，像這樣的短期戰役打了七十多年，結果是在這七十多年期間，百事可樂曾三次主動上門請求可口可樂收購，但均遭拒絕。

使百事可樂真正得以快速發展的，是它在 19 世紀 60 年代終於發現了導致可口可樂無比強大的原因，那就是可口可樂發明了可樂，被公認為老牌的正宗可樂，它的配方全世界只有 7

個人知道，至今仍被鎖在亞特蘭大某個地方的保險櫃裏，它是個富有歷史而地位牢靠的品牌。

找到了對手的強勢之後，百事可樂站到了完全相反的一面，將自己定位為年輕人的可樂，「新一代的選擇」，這種重新定義使得可口可樂成了「老一輩」的可樂。從此，百事可樂走上了成功之路。

百事可樂與可口可樂的產品其實沒有太大的實質性差別，但是由於可口可樂進入市場較早，並且已經佔據了市場，所以百事可樂的品牌定位就變得尤爲重要。面對不利的情況，百事可樂靠著品牌定位的區別，從可口可樂手中奪走了一部份市場，由此可見合理的品牌定位是與老牌對手競爭的有力武器。

心得欄 ----------------------------------

第九步

培育品牌忠誠度

1

提高品牌忠誠度的策略

忠誠聯繫著價值的創造，企業爲顧客創造更多的價值，有利於培養顧客的品牌忠誠度，而品牌忠誠又會給企業帶來利潤的增長。

1.人性化地滿足消費者需求

企業要提高品牌忠誠度，贏得消費者的好感和信賴，企業一切活動就要圍繞消費者展開，爲滿足消費者需求服務。讓顧客在購買使用產品與享受服務的過程中，有難以忘懷、愉悅、舒心的感受。因此，品牌在行銷過程中必須擺正短期利益與長遠利益的關係，必須忠實地履行自己的義務和所應盡的社會責任，以實際行動和誠信形象贏得消費者的信任和支持。

品牌有了信譽，何愁市場不興、品牌不旺？這是品牌運營的市場規則，也是一個普遍的經營規律，提高品牌忠誠度最好的途徑。品牌應不遺餘力地做實做細，盡心盡力，切忌為追求短期利益犯急躁冒進的錯誤，否則必將導致品牌無路可走，最終走向自我毀滅。

人性化地滿足消費者需求就是要真正瞭解消費者。國內絕大數品牌只提供了產品的主要使用價值與功能，但對細膩需求的滿足遠遠不能與國外品牌相比。美國的吉列手動刮胡刀的手柄不僅用一圈圈凸紋來增加摩擦力，以防止刮胡刀滑出手而刮破臉，還想到了在凸紋上套上一層橡皮讓顧客使用時提在手中更貼合皮膚，更舒服，每一細微之處都為消費者想到了。

麥當勞、肯德基等一些西餐廳的洗手間，洗手的地方有高低兩個洗手台，小朋友們在用餐過程中要洗手不用家長陪同或抱起來，要洗手小朋友可以自己完成。而中餐廳很少滿足消費者的這種細膩需求。因此，大老闆和市場總監們，應該多離開寫字樓，去市場第一線和零售終端，與顧客保持緊密接觸，才有可能深入地瞭解顧客的內心世界和潛在需求，為產品和服務的改進提供第一手翔實的信息；既要到大市場中去坐坐公車、吃吃大排檔、到集貿市場找人聊聊，瞭解大眾消費者的購買心理，也要運用規範的調查手段，如人戶問卷調查、小組座談會、連續追蹤調查顧客滿意。

2.產品不斷創新

產品的品質是顧客對品牌忠誠的基礎。世界上眾多名牌產品的歷史告訴我們，消費者對品牌的忠誠，在一定意義上也可以說是對其產品品質的忠誠。只有過硬的高品質的產品，才能真正在人們的心目中樹立起「金字招牌」，受消費者喜愛。產品的創新讓消費者感覺到品質在不斷提升。海爾的冷氣機、洗衣機每年都會有新功能、新技術產品推出；諾基亞、摩托羅拉每年都會推出新款手機；寶潔公司的玉蘭油、海飛絲等產品也時不時推出新改良配方，讓其產品有新的興奮點，讓人感覺到企業一直在努力爲消費者提高產品品質。

3.提供物超所值的附加產品

產品的好壞要由消費者的滿意程度來評判，真正做到以消費者爲中心，不僅要注意核心產品和有形產品，還要提供更多的附加產品。海爾的維修人員不僅準時修好冰箱、冷氣機，顧客還能獲得維修人員溫暖人心的禮貌問候，自帶飲料不喝用戶一口水，套塑膠鞋套避免用戶家裏地板汙損等等。海爾的售後服務正是因爲給消費者提供了意想不到的好處，大大提高了消費者對品牌的評價與認同度。在產品同質化的時代，誰能爲消費者提供物超所值的額外利益誰就能最終贏得顧客。

4.有效溝通

企業通過與消費者的有效溝通來維持和提高品牌忠誠度，如建立顧客資料庫、定期訪問、公共關係、廣告等。建立顧客資料庫，選擇合適的顧客，將顧客進行分類，選擇有保留價值的顧客，制定忠誠客戶計劃；瞭解顧客的需求並有效滿足顧客所需；與顧客建立長期而穩定的互需、互助的關聯關係，另外還有其他多種方式。

2002 年諾基亞在北京開通諾基亞俱樂部(Club Nokia)中文網站。作爲一個獨特的網上社區，該網站精心打制的四大頻道——音樂、電影、卡通和遊戲，爲諾基亞手機用戶提供內容豐富的創新應用和服務。諾基亞俱樂部帶給用戶全面的信息、支援和樂趣，增強用戶的通信體驗。每一個諾基亞手機用戶都可以通過下載諸如音樂鈴聲、待機圖示、動畫屏保、圖片信息以及遊戲軟體等品牌化的數字內容，享受便捷、實用、充滿趣味的溝通體驗。同時，諾基亞俱樂部提供的照片世界更是引人入勝。諾基亞俱樂部選擇的一系列國際知名品牌，包括 Hallmark、Sanrio、EMI、環球等，使諾基亞用戶可以充分個性化他們的手機。

5.注重品牌的情感行銷

提高品牌忠誠度，除了要有過硬的產品品質、鮮明的品牌個性、完善的產品市場適應性和行銷推廣策略外，在很大程度上還和消費者的心理因素有密切的關係。大多數消費者是理智的，也是有感情的。產品本身沒有感情，但可設法使之附上感情色彩，使消費者享受一種氣氛，一種情調，引起遐想和共鳴。

消費者喜愛品吸某種品牌的香煙，不只是品吸煙味，很大程度上是這種品牌的香煙所附的感情色彩適合了他(她)的需要。情感行銷正是攻心爲上，把顧客對企業品牌的忠誠建立在情感的基礎上，滿足顧客情感上的需求，使之得到心理上的認同，從而產生偏愛，形成一個非該企業品牌不買的忠實顧客。

6.建立消費者數據資料庫

比如說煙草企業要想建立和提高品牌忠誠度，需要瞭解和掌握與消費者有關的各種數據。如：消費者的性別，年齡，收入，居住地區，家庭結構，用於捲煙的消費佔家庭收入的比重，家庭成員對其吸煙的態度，對捲煙價格、重量、香氣、吸味、品牌、廣告、包裝等的看法，有無品牌偏好，購買香煙是自己消費還是送禮，對競爭產品的態度如何等等。只有瞭解了這些數據，企業才能從實際出發，制定相應的行銷策略，留住顧客。這就需要煙草企業建立一個消費者數據庫。

現在，網路的發展說明了建立數據庫的技術已經不是主要的問題，關鍵是數據的收集。通常最好也是最主要的數據庫的資訊來源，就是日常行銷活動中得到的信息。例如優惠券背後的幾個簡單的問題，行銷調研時向消費者發出的問卷，市場調查和產品試用過程中所獲得的數據，銷售部門關於各地捲煙銷售情況的數據等。另外，還可以通過第三者的數據庫如某些調查公司、煙草局或其他企業收集的資料來達到自己的目標。

建立和提高品牌忠誠度，對企業的資源及行銷管理水準有著較高的要求，而且不是一蹴而就的，其效果有一定的滯後性。另外，從心理學的角度看，顧客對某一品牌有一個認知、理解和鞏固的過程。所以企業應從其企業目標和資源過程情況出發，將建立和提高品牌忠誠度納入其總的行銷計劃之中，合理地設計品牌忠誠度活動，而且要堅持不懈地進行下去。只有這樣，才能留住顧客，鎖定顧客，爲企業帶來長期的利益。

2

用親和力培養品牌忠誠度

企業一方面爲自己強大的製造能力而自豪，另一方面又感到在國際著名品牌的重壓之下，生存空間愈益狹窄。國際著名品牌的曆久不衰，一個共同點是有一大批堅定的品牌忠誠追隨者，企業的創品牌之路不妨先用親和力培養品牌忠誠度。

1.**產品親和力**

如果要讓某個品牌對它的目標消費群具有親和力，首先要讓消費者喜歡這個牌子的產品。不僅品質要優良，更要讓他們覺得這些產品是專門爲他們的某種需求而設計的，讓他們對這個品牌產生歸屬感，從而產生建立品牌忠誠度的基礎。舉例來說，很多世界著名品牌的目標顧客都是 25～45 歲的女性，Ralpharen 定位於英國式的貴族風格，Versace 定位於義大利的奢華，Liz Ciaibore 定位於職業女性，Tonwy Hilfiger 定位於戶外、運動和休閒等。雖然顧客年齡段定位相同，但他們根據各自的風格，推出了滿足這個年齡段不同身份、地位、職業、愛好的顧客不同需求的產品。這些國際品牌在各自的領域都做得很好，在世界各地有很多崇拜者。「IT’S FOR ME！」(這就是爲我設計的)。

2.價格親和力

很多消費者在購買商品前都沒有明確的目的。常常是在商場裏轉著轉著，看見某個牌子的產品和價位都不錯就掏腰包買了。如何把這些隨機購買穩定成重覆購買？價格親和力起著一個推動的作用。消費者把商品買回去後覺得物有所值、物超所值，自然會增加重覆購買的幾率。有一位朋友曾在打折的時候買過某著名品牌的服裝，買回去以後覺得很值。後來幾乎每隔一段時間都要光顧那家專賣店，成了這個品牌的忠實擁護者。同時，他的宣傳也感染到了其他的朋友。有了好的產品，還需要有個有誘惑力的價位，才能把合適的消費者牢牢地吸引住。

3.市場推廣親和力

一個品牌的市場推廣，傳達給消費者的是一個企業的整體形象。「好雨知時節，潤物細無聲」，企業自身讓消費者產生親切感和信任感，這是一個長期的過程。急功近利地在一段時間內做廣告做宣傳，做完之後就無聲無息。這種曇花一現的行爲其實也容易失去消費者的信任。一些知名品牌每年都要定期參加一些著名的展覽會，以此來推廣自己的品牌。因爲如果有那一年沒有去，他們的客戶就會產生懷疑：是不是財政狀況出了問題，還是經營狀態不佳，等等。

一個持續穩定的市場推廣計劃，一個讓人信賴的企業公眾形象，就是一筆巨大的財富。市場推廣親和力服務是商品在流通過程中最關鍵的一個環節。服務上的親和力，常常能拉近品牌與消費者之間的距離。

據說，一個品牌的總經理這樣要求他的營業員：穿著打扮要在簡潔大方中顯示氣質，上班時不能穿金戴銀；敬業愛崗，掌握專業知識，對服務對象要有感情上的親和力，在顧客拿不定主意的時候，能夠像好朋友一樣提出中肯的建議，等等。

其實服務也是一門藝術，不僅體現了服務者的個人修養，也反映了這個品牌是否具有親和力。試想，如果一個消費者前腳在翻看一些商品，後腳就有營業員跟在後面整理，並且有意無意地弄出很大的響聲。即使是再好的商品，誰還會有心情去買？服務並非只是一些表面功夫，只有真心誠意地替消費者著想，才能獲得消費者長久的喜愛。

4.行銷親和力

美國很多大百貨公司經常和廠家一起舉辦行銷活動。每週每月都有活動，在報紙上電視上做廣告。有時候生產商親自來當售貨員站櫃臺，進行現場諮詢；有時候在店裏塔個 T 形台，現場做秀等等。在復活節、萬聖節、感恩節和耶誕節這些大的節日，行銷活動更加熱烈。這些活動常常能帶來可觀的營業額。例如，世界第三大零售商 KMART 在耶誕節期間的銷售額要佔到全年營業額的 35%。國內很多商業發達的城市也用類似的做法來促銷。

積極活躍的行銷手段是在營造一種購物氣氛，吸引消費者的注意力。不僅商場如此，品牌也要不斷給人新鮮感，否則很容易被消費者遺忘。現在很多品牌的經營者都意識到了這一點，不僅產品經常換新，店面的櫥窗佈置都會不斷有新的感覺。從這些變化中，可以看出一個企業的實力與活力。不僅老的顧客會繼續光顧，也會吸引來新的顧客。

5.**對代理商的親和力**

企業要有序健康地發展，常常需要借助代理商加盟商來延伸觸角。如果在其他地方的市場開拓有當地代理商加盟商協作，不僅可以節省大量的人力、物力，還可以少走很多彎路。企業和代理商加盟商的合作，是一種團隊關係。換個角度來說，代理商首先也是企業的顧客。企業對代理商有親和力，獲得代理商的認可和信任，才能有更長遠的品牌忠誠度。

3

品牌形象策略

1.**塑造品牌形象的程序**

品牌形象策略主要指企業在品牌競爭中，如何塑造品牌並賦予品牌鮮明的個性特徵。品牌形象塑造是一個系統工程，涉及產品、行銷、服務等各方面的工作。

⑴**市場調研**

調研是一切行銷活動的前提，也是樹立品牌形象的前奏，必須踏踏實實地進行市場調查，只有充分掌握了市場第一手信息後對調查結果進行分析，才能正確地把握形象定位。市場調查的內容很廣，在具體操作時可由企業根據企業規模和行業、市場特點靈活掌握。具體而言，包括對企業現狀的調查、對競爭企業的調查、對公眾的調查、對市場的調查(包括其相關品牌在市場上的知名度、信譽度、知曉度、市場佔有率等指標)等幾個方面。市場調查是品牌定位的前提，而品牌形象定位是品牌定位的主要內容，調查分析的結果直接影響著品牌形象，決定著品牌形象的樹立。

⑵**選擇品牌形象策略**

一般而言，品牌形象策略主要有定勢策略、強化策略和遷移策略。

定勢策略是指通過現有品牌形象特色和未來市場變化趨勢尤其是消費者需求，不斷確定與完善品牌形象的策略。這種策略較爲靈活，一般適合新創企業確定品牌形象。強化策略是指不斷豐富完善現有的品牌形象，以強化其在消費者心中的印象。遷移策略是指企業通過一系列活動，逐漸改變原有的品牌形象並使之轉移到新的品牌形象上。

⑶**進行品牌形象設計**

品牌形象設計包括對產品的設計、服務設計、商標設計、價格設計、包裝設計等多個方面，是品牌形象實施的重點。

品牌形象設計是一個系統工程，需要專業人士進行操作，企業可以選擇由企業內部設計人員實施或者委託專業的 CI 公司實施或者二者共同協作完成。目前大多數企業習慣於把品牌形象的設計工作委託給專業的 CI 設計專家。

⑷**品牌形象傳播**

品牌形象是消費者對品牌的認知和評價，因此，只有通過銷售或宣傳活動將其傳達給消費者才具有意義。一方面，企業要通過電視、報紙、雜誌等媒介有意識地向公眾介紹品牌形象；另一方面，做好公共關係工作，儘快形成品牌的良好形象。知曉不等於認同，重要的是美譽度的提升而不是因臭名遠揚而「知名」的品牌。品牌形象的塑造是一個不斷重覆的循環過程，需要企業在實踐中不斷地修正、完善和提升。

2.品牌形象策略

形象是一種感覺，就像一個人具有獨特的外貌、儀容儀表、氣質風度那樣，你可能說不出他到底那兒特別、與眾不同，但就是感覺到他有獨特的魅力。品牌形象也是如此，但這種感覺絕不是華麗而空洞的，它通過產品、服務或者商標、包裝等視覺系統散發出來，無處不在，它是一種氣氛、一種精神、一種風格，需要企業去挖掘、去表現。企業可以從以下幾個角度賦予品牌以鮮明的個性：

⑴情感導入策略

品牌不是冷冰冰的牌子，它具有思想、個性和表現力，是溝通企業和消費者的橋樑。情感是人心目中最柔軟的東西，以情動人，以情誘之是品牌經營者的不二法寶。

1967 年，日本寶物玩具公司推出了一種名爲「麗卡娃娃」的玩具，他們給麗卡娃娃設計了一個人性化的背景：香山麗卡，5 月 3 日出生，血型 0，小學五年級女生，父親是法國的一個樂團的指揮，母親是時裝設計師，有一個孿生妹妹，等等。然後，公司通過各種途徑，如製作以麗卡娃娃爲主角的電視節目、漫畫等，讓日本的小朋友們熟悉了麗卡娃娃，把她當成好朋友一樣。同時，公司還設計了「麗卡娃娃熱線電話」、「麗卡娃娃之友」俱樂部，出版了各種以麗卡娃娃爲主角的書籍、雜誌等，營造出麗卡娃娃就在人們身邊的感覺，使麗卡娃娃成爲一個有思想、有情感的可愛女孩與小朋友一起遊戲、一起生活。

麗卡娃娃成功了，成爲日本一代兒童的好朋友，並行銷幾十年而不衰。情感導人策略的奧秘在於與消費者進行情感溝通，使人在不知不覺中被吸引、被感動，成爲企業忠實的顧客。

⑵**專業權威形象策略**

寶潔公司在推出其新品牌洗髮水「沙宣」時使用了這一策略。廣告中，國際專業美髮師沙宣以其嫻熟、專業的技術爲幾名靚麗的模特打理出飄逸的長短髮式，瀟灑無比，令人折服。專業權威形象策略是一種極具擴張性、競爭性和飛躍性的形象策略，一般爲那些在某一行業佔據主導地位的企業所採用，以突出該品牌的權威度，提高消費者的信任度。如化妝品牌「羽西」以美容專家靳羽西的名字命名，並由她本人擔任形象代言人進行推廣宣傳，所採用的也是這一策略。

⑶**心理定位策略**

美國市場行銷權威菲力浦•考特勒認爲，人們的消費行爲發展可分成三個階段：第一個是量的消費階段；第二個是質的消費階段；第三個是感性消費階段。在現代社會裏，隨著產品的極大豐富和消費者品位的提高，消費者日益看重商品給予自己情感、心理上的滿足程度，而不僅僅是量和質的滿足。消費心理的變化要求企業應順應消費者這種心理變化的潮流，以恰當的心理定位喚起消費者心靈的共鳴，樹立獨特的品牌形象。

日用消費品行業和人們的消費心理密切相關，心理定位策略也是日用消費品企業經常採用的一種策略。例如寶潔公司同時推出飄柔、潘婷、海飛絲三個洗髮水品牌，但三個品牌各自具有不同的個性特徵：飄柔強調一頭烏黑亮麗的長髮，柔順飄逸，美麗動人；潘婷則強調對頭髮光澤的維護，端莊典雅，秀而不妖；海飛絲則從頭皮屑入手，強調頭髮的清爽乾淨。三個品牌既相互競爭，又相互補充，利用消費者對洗髮水的不同心理需求進行形象定位，以此達到各放異彩的經營效果。

⑷文化導入策略

品牌形象所具有的感性色彩決定了文化是品牌構成中的一個重要因素。品牌本身就是一種文化，凝聚著深厚的文化積澱，在品牌中注入文化因素，會使品牌形象更加豐滿，更有品位，更加獨具特色。許多知名品牌背後都有一個動人的故事，例如「紅豆」牌襯衣，就借用了一首盡人皆知纏綿悱惻的古詩《紅豆》中的意境，令人聯想翩翩：「紅豆生南國，春來發幾枝？願君多採擷，此物最相思。」一首名詩，道盡了綿綿相思之情，其豐富的文化內涵和纏綿意境，深受海外華人的喜愛，大大提高了其品牌形象和品牌價值。還有許多具有民族特色的品牌，如「孔府家酒」和「南方黑芝麻糊」也都注入了「孔子故里」和「孩童的記憶」等情感，抒發葉落歸根和懷舊的情懷，這些不同於一般的個性特徵，自然會提高它們的品牌價值。

品牌案例：永遠年輕的芭比公主

2001 年 3 月 9 日，芭比娃娃已經 42 歲了，可是她依然被稱作娃娃，她的身材仍然窈窕，皮膚也依然緊繃，眼睛也還像妙齡女孩神采飛揚。幾十年來，她是世界上唯一越活越年輕的美麗女性，她是千百萬小女孩的朋友，是她們心中的夢想。

現在世界上出售芭比娃娃的國家達 140 多個，平均每秒鐘就售出 2 個芭比娃娃。40 多年來，為了給芭比娃娃和她的朋友做服裝就用了近 1 億米的布料，每年製作的新式服裝多達 120 種。有人統計說，如果把從 1959 年至今賣出的芭比家族的娃娃從頭到腳排起來可以繞地球 7 週。她擁有 35 種寵物，10 億雙鞋子，有姐妹及朋友，圍繞她已形成了一個女孩子夢想中的玫瑰帝國，而這個帝國每年為她的擁有者帶來 20 億美元的收入。

40 年來，物換星移，而芭比娃娃仍然長盛不衰，其奧秘正在於她多變的風格和跟隨時代步伐的精神。潮流和時尚總在不斷發生著變化，孩子們的喜好也在不斷改變，芭比娃娃永遠年輕的訣竅就在於跟著時代變。從巴黎的時尚，到甘迺迪夫人的造型，再到年輕的運動氣質，芭比娃娃的擁有者馬特爾公司一直在捕捉細微的時尚變化，芭比娃娃在 40 年間被反覆設計過 500 次以上。

20 世紀 50 年代的芭比娃娃穿著當時最流行的黑白條紋游泳衣，戴著太陽鏡，穿著高跟鞋，一副熱帶沙灘女郎的形象。

60 年代以後，芭比娃娃成了派頭十足的女明星：身穿華貴的晚禮服，帶鑽石項鏈，出入在各種派對聚會中。而在 70 年代，當時嬉皮士風行，芭比娃娃也趨於野性和隨意，牛仔 T 恤和短髮成為她的代表形象。到了 80 年代，隨著女性自我價值的覺醒，女權運動轟轟烈烈開展起來，芭比娃娃則又變成了職業女性。同時，其著裝開始具有民族特色，芭比娃娃成了世界女孩的夢想。90 年代的芭比娃娃可以是運動健將，如體操運動員，代表美國參加過許多體育比賽，同時，她也喜歡騎自行車和滑雪。而 20 世紀末的芭比娃娃又走上了 Internet，孩子們可以在電腦上對她們心中的芭比娃娃進行設計和培養。

半個世紀的變遷，芭比始終引領時代潮流，她是每個女孩夢想中的公主，是她們實現夢想的寄託。芭比娃娃已經成為一種形象、一種精神、一種文化。

心得欄 ------------------------------

第十步

品牌如何延伸

1

品牌延伸的概念與作用

1.品牌延伸的概念

品牌延伸是指採用已取得成功的品牌來推出新產品，使新產品投放市場伊始即獲得原有的品牌優勢支持。品牌延伸的目的是實現品牌整合支持體系，從消費者的品牌聯想到製造商的品牌技術、服務支援形成一個整合的鏈條。例如，「海爾」品牌從冰箱延伸到彩電、冷氣機器、熱水器、洗衣機、微波爐等。

在西方國家，品牌延伸就像當年成吉思汗橫掃歐亞大陸一樣，席捲了整個行銷界。一項針對美國超級市場快速流通的商品研究表明，過去十年來成功品牌(成功品牌是指年銷售額在1500萬美元以上)，有2/3屬於延伸品牌，而不是新上市品牌。企業如果不利用已成功的品牌推出新產品，那麼，銷售新產品是相當困難的。因此，品牌延伸已成爲西方國家企業發展戰略的核心。

2.品牌延伸的作用

運用品牌延伸戰略，使用企業已經具有良好市場聲譽的品牌，借助其影響力，推出新產品，可望事半功倍，一舉兩得。既能使新產品快速、成功地導入市場，又能進一步擴大原品牌的影響和聲譽。具體而言，品牌延伸可望給企業帶來以下的正面效應：

⑴利用原品牌(成功品牌)的知名度，可迅速提高消費者對新產品(延伸產品)的認知率，有效節約新產品市場導入費用，有助於消費者對新產品形成好感

從延伸產品角度看，品牌延伸主要是利用已有的品牌資產，借助品牌的知名度、良好的市場形象推銷新產品，因而有助於降低新產品上市的成本和風險。美國的一項調查發現，在某些消費品市場，新產品的上市需要5000萬～1.5億美元的投資，而且成功率較低。相比之下，品牌延伸不僅有助於降低行銷費用，而且有利於新產品的成功。一項對美國超級市場的調查發現，在20世紀70年代上市的7000種商品中，只有93種達到年銷售額1500萬美元的水準，其中65%以上採用品牌延伸策略。另一項研究揭示，只有30%的新產品能夠生存4年以上。但當新產品採用已有品牌時，50%能夠生存4年以上。

事實也證明了這一點。1985 年，柯達將一種名爲「極壽」的鹼性電池推向市場。雖然包裝上標有柯達字樣，但由於字體較小，很不顯眼。結果，銷售效果極爲不佳。爲改變這種狀況，柯達於 1988 年徹底改變了品牌名稱和產品包裝，不僅用「柯達」取代「極壽」，而且用紅黃兩色取代其他顏色。結果，銷售額直線上升。具體來說，品牌延伸對新產品上市有以下好處：

①新產品的知名度迅速得到提高

一個新產品要讓市場接受，第一步就是要提高品牌知名度。知名度高的品牌能使消費者產生一種熟悉感，可引起對該品牌產品的好感甚至嘗試購買。因此，將知名度高的品牌名稱用於新產品，新產品也就有了同樣的知名度。

②有利於將品牌聯想注入新產品

品牌延伸不僅僅是將知名品牌名稱冠於延伸產品，而且可以將品牌聯想、知覺品質、品牌特性等品牌資產注入延伸產品。

③有利於吸引消費者對新產品的嘗試性購買

將一個知名品牌用於新產品上，可以降低潛在購買者的風險。因爲該品牌名稱向消費者顯示，這個品牌是可信的、高品質的，因而其名下產品也是可以信賴的。

⑵品牌延伸是為了順應消費者需求的不斷變化，有利於提高銷售額和市場佔有率

品牌延伸是反應市場需求，順應消費者需求變化的一種低成本、低風險的策略。通過在一個品牌名稱下不斷推出順應時代發展、適合消費者需求的產品，會使該品牌變得更親切、更生動、更有吸引力，因而能保持該品牌的地位和利潤。駱駝牌香煙堪稱是這種延伸的一個成功案例。「駱駝」是一個極老的品牌，但它在競爭激烈的煙草行業始終保持領先地位，原因之一就是它能夠緊跟消費者的變化趨勢。例如，當吸煙者開始傾向於吸長支過濾嘴香煙時，駱駝很快地延伸出這個新產品，雖然沒有席捲整個煙草市場，但也具有一定的競爭力。當香煙界又刮起淡煙風時，「駱駝淡煙」隨之推出，同樣獲得極大成功，銷售極佳。以後，駱駝家族又陸續誕生新的成員，這便是「駱駝超淡煙」。由於越來越多的公眾場所不鼓勵、甚至禁止人們抽雪茄，駱駝又抓住這個時機，針對抽小型雪茄的消費者推出了另一延伸產品——「駱駝粗支香煙」。

駱駝家族的這 5 個延伸產品由於順應了消費者的變化，因而在市場上都取得了成功，極具競爭力。像這種順應消費者變化的品牌延伸打破了許多消費者不能享用它們產品的禁忌，因而通常都可以提高一個延伸產品的銷售量。例如，可口可樂向健怡可樂的延伸，使可口可樂總品牌在全球的年銷售額增加了 10 億美元以上。

⑶品牌延伸有利於企業分散經營風險，有效地抑制或阻止競爭者

企業實行品牌延伸戰略，通過其經營領域的拓展，使企業獲得高額利潤的同時，還使企業內部形成優勢互補、技術關聯的整體。充分發揮企業內人、財、物、技術、管理、企業形象等有形、無形資產的巨大潛力。品牌延伸使企業由原來的單一產品結構、單一經營領域，向多種產品結構、多種經營領域發展，從而有效地分散了經營風險。

特別是產品線的延伸還可以抬高其他品牌新產品進入這一產品市場的成本，有效地抑制或弱化了競爭者的行動，甚至會耗盡市場第三位或第四位品牌的有限資源，因而品牌延伸是企業一種非常有效的應對競爭的有力武器。例如，高露潔與佳潔士是分別屬於聯合利華和寶潔公司的兩個著名品牌，也是兩個在其產品類別中獨佔鰲頭的品牌。多年來，他們都竭盡所能不斷推出延伸產品，高露潔和佳潔士都有超過 35 種型號和包裝尺寸的產品，它們通過擠佔無法跟得上其推出新產品步伐的稍弱品牌的市場，不但提高了銷售量，還有效保護和增加了自己的市場佔有率。

3.品牌延伸的風險

綜上所述，品牌延伸具有兩重性：一方面，成功的品牌延伸可將現有品牌的某些特性注入新產品，使之憑藉現有品牌的力量，以較小的成本、較快的速度、較大的把握打入市場，而且可以用新產品的某些特性更新或強化現有品牌，使之利用推出新產品的機會進一步擴大品牌知名度、提高品牌吸引力；另一方面，如果延伸不當，也可能削弱現有品牌，甚至可能影響延伸產品。所以，是否進行品牌延伸以及向何處延伸，是擺在品牌管理者面前的一個兩難選擇。

當一個企業的品牌鼎盛時，往往易於實施品牌延伸，將品牌放大或組成「聯合品牌」。品牌延伸有利於企業多元化經營，而且品牌延伸既節約了推廣新品牌的費用，又可使新產品搭乘原有品牌的聲譽便車，迅速進入市場。然而，品牌延伸亦非無限，而是有一個「度」的問題，若超過此「度」，品牌延伸可能在短期獲利之後產生長期的負面影響。所以，艾・里斯強調:「品牌就像一根橡皮筋，越延伸，它就會變得越疲弱。」

在品牌行銷實踐中，品牌延伸既有成功的經驗，也有失敗的範例。例如，春蘭集團就是一個非常典型的例子。1995 年春蘭冷氣機以超過同行幾倍的優勢雄踞第一。以後春蘭集團實施品牌延伸戰略，大舉進入摩托車製造業及冰箱等行業，削減了春蘭冷氣機在消費者心目中的魅力，1996 年、1997 年度春蘭冷氣機銷售出現連續大幅度下滑，行業老大的地位受到威脅。

2

品牌延伸的準則與步驟

1.品牌延伸的準則

企業是否實施品牌延伸？如何實施品牌延伸？主要看是否符合以下準則：

(1)延伸產品應具有較一致的市場定位

相近的市場定位決定了產品在最終用途、購買對象及生產條件等方面的一致性，這既符合顧客的品牌聯想心理，也符合企業的生產經營實際，如海爾品牌從冰箱延伸到冷氣機、洗衣機、彩電、微波爐等。這些延伸的產品與原有產品同屬家電，

與海爾在消費者心中成功的家電企業形象是相吻合的，同

時也利於企業生產能力的進一步挖掘與發揮，與之相對應。生產化肥的企業將其產品延伸到市場定位迥然不同的食品產品就難以想像了。

⑵懲伸產品應具有較一致的產品定位和品質定位

品牌在同一檔次產品中的橫向延伸一般問題不大，因爲其產品定位是一致的。

金利來品牌從領帶到皮具等產品的延伸，不僅與「男人的世界」相聯繫，而且同屬高檔產品定位，因此，在促進延伸產品銷售時，也強化了金利來的品牌形象。當品牌在向不同產品檔次的縱向延伸時則必須謹慎，因爲縱向延伸意味著品牌要囊括不同品質和檔次的產品。當品牌沿產品線向下延伸時，很容易使消費者產生一種不良印象：成功品牌的產品檔次在降低。所以，延伸的產品應保證與品牌形象相匹配的品質，確保品質與產品定位的一致性。

⑶科學評估企業及其品牌實力

品牌延伸是借助已有成功品牌的形象、聲譽和影響力向市場推出新產品，顯然只有當品牌具有足夠的實力時，才能保證品牌延伸的成功。而品牌實力與新產品開發又是建立在企業整體實力的基礎上的。因此，企業是否具備品牌延伸的條件，必須從企業與市場內外兩方面對其品牌實力進行客觀的評估，如果在沒有多少知名度和美譽度的品牌下不斷推出新產品。這些新產品就很難獲得「品牌傘」效應，因爲這樣與上市新品牌幾乎沒有多大區別；如果企業實力薄弱，消費者也很難信服企業具有開發新產品和品牌延伸經營成功的能力。所以，企業及其品牌實力應成爲品牌延伸決策的起點。

⑷延伸產品應採取相近的分銷管道模式

分銷管道既是企業的一種行銷管道，又是塑造企業品牌形象的視窗，如果不利用相近的分銷管道，企業就無法發揮品牌延伸降低促銷費用的優勢。因爲管道相同的話，只要在商店做一則品牌 POP 廣告，就等於給「品牌傘」下的所有產品做廣告。另外，相近的分銷管道還能維護品牌形象的延續性和一致性，反之則可能危及品牌形象。

⑸在主品牌不變的前提下，為新產品增加副品牌

爲了避免單一品牌延伸的風險，經營者可以考慮採取在商標不變的情況下爲新產品起個「小名」，這就是「副品牌」。這樣做，一方面淡化了「模糊效應」；另一方面又使各種產品在消費者心目中形成一定的距離，有效地降低了「株連」的風險。例如，海爾集團在品牌延伸時，給電冰箱、冷氣機、洗衣機中各種型號的產品分別取一個獨特又優美動聽的小名，如「大王子」、「小王子」、「麗達」、「大元帥」、「小元帥」、「金元帥」、「小神童」、「瑪格麗特」等等。實踐證明這種策略是非常成功的。

又如 IBM 這一電腦品牌，提起它就會讓人想到電腦，而不會想到影印機。因此，可以將它延伸到各種電腦相關的產品上去，如主機電腦、個人電腦、筆記本電腦等，甚至延伸到各種電腦的週邊設備也不會誤入「陷阱」。

⑹要具有共同的主要成分

主力品牌與延伸品牌，在產品構成上應當有共同的主要成分，即具有相關性。如果不是如此，消費者會不理解兩種不同的產品爲何存在於同一品牌識別之下。

春都火腿腸爲第一品牌，但延伸至「養命寶」就顯得特別勉強，因爲火腿腸與養命寶共同的主要成分太少了。

⑺要具有相同的服務支援系統

從行銷到服務，如果能聯繫在一起，品牌延伸自然理所當然，否則，就顯得不倫不類。像雅戈爾從襯衣延伸到西服，服裝業的行銷和服務是一致的，品牌延伸自然到位。巨人集團從電腦軟體至保健品(巨人腦黃金)、藍寶石集團從手錶延伸到生命紅景天(營養保健品)，就顯得延伸較爲勉強了。

⑻技術上密切相關

主力品牌與延伸品牌在技術上的相關度是影響品牌延伸成敗的重要因素。像三菱重工在製冷技術方面非常優秀，因此，它自然將三菱冰箱的品牌延伸到三菱冷氣機上。海爾品牌延伸也是大致如此。相反，春蘭冷氣機與其「春蘭虎」、「春蘭豹」摩托車的形象沒什麼相關性，延伸就沒有意義了。

⑼使用者相似

使用者在同一消費層面和背景下，也是品牌延伸成功的重要因素。像金利來，從領帶到腰帶到服裝到皮包，都緊盯著白領和紳士階層的消費，延伸就比較成功。

⑽避免產品已高度定位

如桌一個品牌已經成爲這個產品的代名詞，則最好不要再將這一品牌的名稱冠到另一類產品上去，否則非常危險。例如，SONY 在日本代表收音機或彩色電視機，現在也是名牌的視聽產品。假如將 SONY 的名稱冠到微波爐、冰箱、洗衣機等家電產品上必將非常危險。

以上 10 個原則，是品牌延伸成敗的關鍵。

2.幾種常見的品牌延伸模式

以 276 種品牌延伸爲基礎，總結出品牌延伸的主要模式：

⑴產品形態延伸，如鷹牌洋參從切片向沖劑的延伸。

⑵產品味道/配料成分延伸，如雀巢從嬰兒奶麥粉向嬰兒豆奶麥粉的延伸。

⑶向伴侶產品延伸，如高露潔從牙膏向牙刷的延伸。

⑷按顧客基礎延伸，如西爾斯從連鎖商店向儲蓄銀行的延伸。

⑸按專門技能延伸，如比克(BIC)從一次性圓珠筆向一次性打火機的延伸。消費者認爲製造新產品需要借助原產品製造所採用的技能或技術。

⑹按益處/特性/特色延伸，如新奇士從柳丁向維生素 C 藥片的延伸。

⑺按形象延伸，如皮爾・卡丹從服裝向皮夾子的延伸。在這種延伸中，新產品享有原產品的關鍵形象成分。

3.品牌延伸的步驟

品牌延伸主要包括三個步驟：找出品牌聯想、決定候選產品類別和選擇候選產品。

⑴**找出品牌聯想**

品牌延伸的第一步就是找出品牌名稱具有的聯想，也就是消費者一聽到該品牌名稱所能產生的各種聯想。測驗品牌聯想的方法很多。如可讓被調查者按品牌名稱進行語義聯想，按品牌產品進行特性聯想，然後從中選出幾種較密切的相關聯想。通常情況下，一個品牌名稱能引起人們的許多聯想，這時就要從中找出 5～15 個核心聯想。所謂核心聯想是指：

①這些聯想與品牌的連接力很強。

②聯想要能夠提供與產品類別的連接。

埃克與凱樂關於品牌延伸潛在領域的研究發現，雖然漱口水和口香糖都與牙齒保護、口腔衛生有關，但佳潔士只適宜向前者延伸，不適宜向後者延伸。這主要是因爲，雖然味道對口香糖重要，對漱口水卻不很重要。

⑵決定候選產品類別

確定了主要的聯想後，下一步就是要找出有關的產品類別，然後從中選出幾種較密切的相關產品類別。

關於凡士林特效潤膚露潛在延伸範圍的市場調查發現，濕潤、乳液、醫藥、純淨等都是該品牌的相關聯想，每種聯想都有三種相關產品類別(見表 7)。如果選擇濕潤特性，可向香皂、美容霜、護膚霜進行延伸；如果選擇乳液特性，可向防曬乳、修面乳、嬰兒潤膚露延伸。於是公司選擇了前三種聯想，延伸產品分別爲唇療膏、特效泡沫浴液、特效護膚乳、嬰兒潤膚露、養發水。之所以使用「療」或「特效」字樣，主要是爲了引發醫藥聯想。除養發水外，所有延伸產品都取得了較大成功。凡士林養發水的失敗或許是因爲消費者認爲它太油膩。

⑶選擇候選產品

爲確保品牌延伸的成功，應在進行產品概念測驗的基礎上告之被調查者擬延伸的品牌名稱，讓其回答是否喜歡、爲什麼喜歡擬延伸產品。如果答案不僅是肯定的，而且與品牌名稱有關，則說明擬延伸產品擁有附加價值，有助於品牌延伸；如果答案是否定的，不論是否與品牌名稱有關，則說明擬延伸產品沒有附加價值。

表 7　凡士林特效品牌的相關聯想與產品類別

品牌聯想	相關產品
濕　潤	香皂、美容霜、護膚霜
醫　藥	抗菌乳劑、急救乳劑、肛痔乳劑
乳　液	防曬乳、修面乳、嬰兒潤膚露
純　淨	棉花、紗布、無菌墊

3

品牌延伸策略

(一)品牌組合策略

品牌組合是指品牌經營者提供給顧客的一組品牌，它包括所有的品牌線和名牌名目。

品牌線是指密切相關的一組品牌，因爲它們以類似的方式發揮功能，售給同類顧客群，通過統一類型的分銷管道銷售出去，或者售價在一定的幅度內變動。

例如，美國雅芳公司的品牌組合包括 3 條主要的品牌線：

化妝品品牌，珠寶首飾品牌，家常用品品牌。每條品牌線又由若干次品牌線構成：如化妝品品牌可細分爲口紅品牌、胭脂品牌、水粉品牌。每條品牌線和次品牌線均有許多單獨的品牌。企業的品牌組合還具有一定的廣度、長度、深度和粘度。這些概念如表 8 所示。表中以寶潔公司生產的消費品爲例來說明。

表 8　寶潔公司的品牌組合

	品牌組合的廣度				
	洗滌劑	牙膏	香皂	方便尿布	紙巾
產品線長度	象牙雪 1930 潔拂 1933 汰漬 1946 奧克多 1952 達士 1954 大膽 1965 吉恩 1966 黎明 1972 獨立 1919	格里 1952 佳潔士 1955 登魁 1980	象牙 1879 柯柯 1885 拉瓦 1893 佳美 1926 爵士 1952 舒膚佳 1963 海岸 1974	幫寶適 1961 露膚 1976	查敏 1928 白雲 1958 普夫 1960 旗幟 1982

寶潔公司品牌組合的廣度是指該公司具有多少不同的品牌線。表 8 中表明品牌組合的廣度爲 5 條品牌線（事實上，寶潔公司還有許多另外的品牌線，如護髮用品品牌、保健用品品牌、個人衛生用品品牌、飲料品牌和食品品牌等）。

寶潔公司的品牌組合的長度是指它的品牌總數。在表 8 中，品牌總數是 26 個。我們再來看一看該公司品牌線的平均長度。平均長度就是總長度除以品牌數目得出，結果是 5.2。如

表 8 所示，寶潔公司平均每條品牌線由 5.2 個品牌構成。寶潔公司的品牌組合的深度是指品牌線中的每一品牌產品有多少品種。例如，「佳潔士」牙膏有 3 種規格和兩種配方(普通味和薄荷味)，那麼，「佳潔士」牌牙膏的深度則為 6。通過計算每一品牌的產品品種數目，就可計算出寶潔公司的品牌組合的平均深度。

品牌組合的粘度是指各條品牌線在最終用途、生產條件、銷售管道或者其他方面相互關聯的程度。由於寶潔公司的產品都是通過相同的銷售管道出售的消費品，因此，該公司的品牌線是相連的。

上述 4 種品牌組合的概念給品牌經營者提供了進行品牌延伸的大方向。品牌行銷者可在 4 個方面進行品牌延伸：企業可增加新的品牌線，以擴大品牌組合的廣度；企業也可延長它現有的品牌線，以成為擁有更完全品牌線的企業；可為每一品牌增加更多的品種，以增加其品牌組合的深度；可使品牌線有較強或較弱的粘度，這要取決於品牌行銷者是考慮僅在單一領域內還是在若干領域內獲得良好的聲譽。

(二)品牌線決策

企業的每條品牌線一般都由一些主管人員進行管理。在美國通用電氣公司的消費品部裏，既有冰箱、電爐、洗衣機、烘乾機等品牌的經理，又有其他消費用品的品牌線經理。

1.品牌線分析

品牌線經理需要知道兩個方面的重要信息：第一，他們必須知道品牌線上的每一個品牌的銷售額和利潤額信息；第二，他們必須知道在同一市場內，他們的品牌線與競爭對手的品牌線的對比情況的信息。

⑴**品牌線的銷售額和利潤**

品牌線上的每一個品牌對總銷售額和利潤的貢獻都不同。

品牌線經理需要掌握品牌線上的每一個品牌對總銷售額和利潤額的影響程度。圖 3 列舉了一條有 5 個品牌線的例子。

圖 3　品牌對品牌線總銷售額和總利潤的貢獻

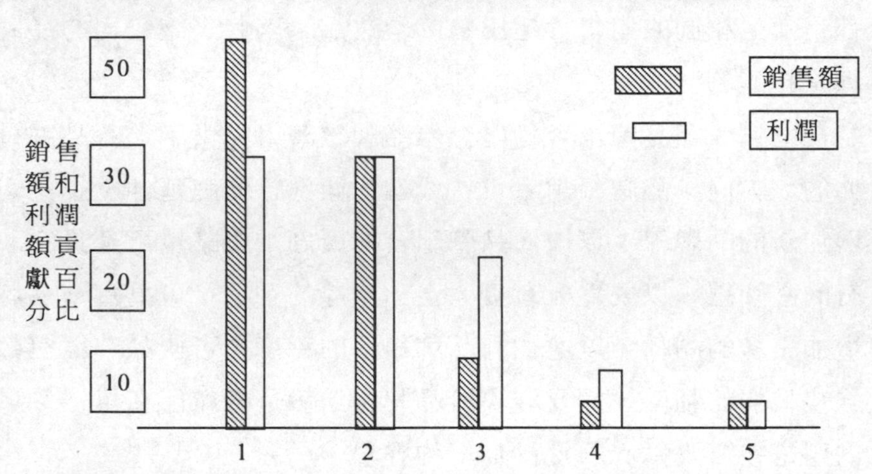

品牌線上的第一個品牌佔總銷售額的 50%，佔總利潤額的30%。前兩個品牌佔總銷售額的 80%，佔總利潤額的 60%。如果這兩個品牌突然受到競爭對手的攻擊，品牌線的銷售額和利潤額則會急劇下降，把銷售額高度集中於少數幾個品牌上，則意味著品牌線具有脆弱性。對這些品牌線必須加以保護。在另一頭，最後一個品牌的產品僅佔品牌線銷售額和利潤額的 5%。品牌行銷者甚至可考慮將產品滯銷的品牌從品牌線上剔除出去。

⑵品牌線上剖面

品牌線經理還應當針對競爭者的品牌線狀況來分析自己的品牌線定位問題。現以一家造紙企業的一條品牌線爲例。紙板的兩個主要屬性是紙張重量和成品品質。紙張的標準重量級別一般有 90、120、150 和 180 重量單位。成品品質有高、中、低 3 個標準級別。圖 4 是一個品牌圖，表示 M 企業和 A、B、C、D 4 個競爭對手的各種品牌的定位情況。

圖 4　紙品牌線的品牌圖

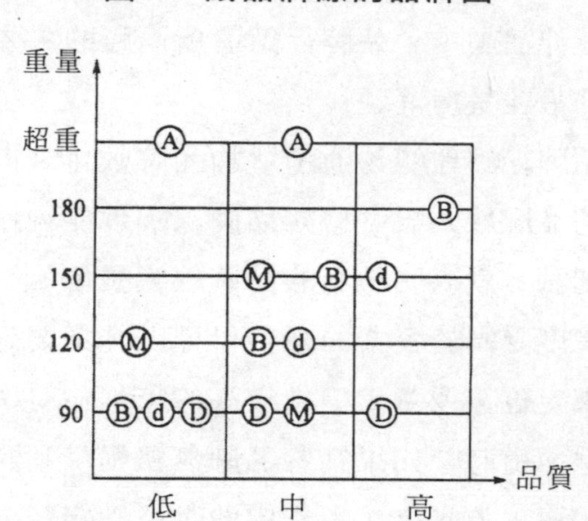

競爭者 A 推出 2 個品牌，它們均爲超重量級，分佈在中等和低等成品品質範圍之內。競爭者 B 有 4 個品牌，它們的特點各不相同。競爭者 C 有 3 個品牌，3 個品牌中，產品重量越重的，成品品質也就越高。競爭者 D 有 3 個品牌，其重量均爲羽量級，而在成品品質上各不相同。最後是 M 企業經營的 3 個品牌，這 3 個品牌的產品在重量上均有差異，成品品質則在低檔和中檔範圍之間。

這種品牌圖對品牌延伸中品牌線的設計是非常有用的。該圖顯示那些競爭品牌在與M企業的品牌爭奪目標市場。例如，M企業的低等重量/低等品質的紙板卻沒有直接的競爭者。該圖爲品牌延伸中可能出現的新品牌如何定位提供了啓示。例如，尙未有那家生產商提供高重量/低品質的紙板。如果M公司認定這種紙板有大量尙未滿足的要求，並且企業有能力生產這種紙板和作出適當的定價，那麼，它就應該在品牌線上增加這一品牌。

2.品牌線長度

在品牌延伸活動中，品牌行銷者所面臨的主要問題之一，就是品牌線的最佳長度問題。

假如某品牌線經理能夠通過增加品牌數目來提高利潤，那就說明現有的品牌線太短；假如品牌線經理能夠通過削減品牌數目來提高利潤，就表明現有的品牌線太長了。

品牌的長度受制於企業的經營目標。企業要想以完善的品牌線的經營來定位，或意欲追求較高的市場佔有率，則要具有較長的品牌線。這時，如果某些品牌無法提供利潤，企業對此也不在乎。相反，追求高額利潤率的企業則寧願經營由精心挑選的品牌組成的較短的品牌線。

從總體上來講，品牌線有不斷延長的趨勢。因爲生產能力過剩會促使品牌線經理開發新的產品，並冠以新的品牌名；推銷人員和銷售商也渴望品牌線更爲全面，以滿足消費者日益多樣化的需要；同時爲了追求更高的銷售額和利潤，品牌行銷者也希望增加品牌線上的品牌個數。

在品牌延伸活動中，品牌行銷者可用四種方法系統地增加品牌線的長度：

⑴**品牌線直接延伸**

從整體市場看，每個企業的品牌線只是該行業全部品牌的一部份。例如寶馬汽車(BMW)在汽車市場上定位於中高檔範圍，如果公司超出其現有的品牌線範圍來增加它的品牌線長度，這就叫品牌線直接延伸。品牌行銷者可向下或向上延伸其品牌線，或同時朝著兩個方向延伸。

①**向下延伸**

許多品牌最初定位於市場的頂端，隨後將品牌線向下延伸。品牌行銷者爲了宣傳某品牌產品以低價作爲基礎，通常在其品牌線的低端增加一些新品牌。利用高檔名牌產品的聲譽，吸引購買力水準較低的顧客慕名購買這一品牌中的低檔廉價產品。如果原品牌是知名度很高的名牌，這種延伸極易損害名牌的聲譽，風險很大。

②**向上延伸**

即在產品線上增加高檔次產品生產線，使商品進入高檔市場。日本企業在汽車、摩托車、電視機、收音機和影印機行業都採用了這一方式。20 世紀 60 年代率先打入美國摩托車市場的本田公司，將其產品系列從低於 125CC 延伸到 1000CC 的摩托車，雅馬哈緊跟本田，陸續推出了 125CC、600CC、700CC 的摩托車，還推出了一種三缸四衝程軸驅動摩托車，從而在大型旅行摩托車市場上層開了有力的競爭。

③**雙向延伸**

即原定位於中檔產品市場的企業掌握了市場優勢以後，決定向產品線上的上下兩個方向延伸，一方面增加高檔產品，另一方面增加低檔產品，擴大市場陣容。20 世紀 70 年代後期的鐘錶工業市場競爭中，日本「精工」採用的就是第三策略，當時正逐漸形成高精度、低價格的數字式手錶的需求市場。精工以「脈衝星」爲品牌推出了一系列低價表，從而向下滲透進入這一低檔產品市場。同時，它亦向上滲透高價和豪華型手錶市場，它收購了一家瑞士公司，連續推出了一系列高檔手錶，其中一種售價 5000 美元的超薄型手錶進入最高檔手錶市場。

⑵**在產業上延伸**

從產業相關性分析，可向上、向下或同時向上向下延伸。比如鋼鐵冶煉業向礦業方向延伸是向上(前向)延伸，向汽車延伸才是向下(後向)延伸，若同時向採礦業、汽車業等延伸則屬於雙向延伸，即向上又向下(前向後向)延伸。採取這種延伸方式，爲材料來源、產品銷路提供了良好的延伸方式。

另一種是像由鮮奶向豆奶、果奶、優酪乳的延伸，是產業平行延伸。平行延伸一般適應於具有相同(或相近)的目標市場和銷售管道，相同的儲運方式，相近的形象特徵的產品領域。這樣一方面有利於新產品的行銷，另一方面有利於品牌形象的鞏固。

⑶**其他相關延伸**

也叫擴散法延伸。這對於剛成長起來的名牌非常有意義。它有四層含義：

一是單一品牌可以擴散延伸到多種產品上去，成爲系列品牌，如金利來開始以領帶名牌而知名，之後擴散到金利來皮鞋、服裝、箱包等商品上。

二是一國一地的品牌可擴散到世界，成爲國際品牌，如金利來市場區域的擴展由香港開始向新加坡、馬來西亞、泰國等東南亞國家擴展，然後是內地市場，近年來向歐洲市場擴展，逐漸聞名世界。

三是一個品牌再擴散衍生出另一個品牌，在「金利來」名牌效應下，成爲「金利來」的姐妹花。

四是名牌產品可擴散延伸到企業上去，使企業成爲名牌企業。

⑷品牌線添補

品牌線可以拉長，方法是在現有的品牌內增加一些新品牌。客觀上講，品牌線填補是一種間接的品牌延伸。

品牌行銷者採用這種間接的品牌延伸的動機主要有 5 種：

①滿足消費者多品牌的要求。

②滿足那些抱怨由於品牌線上品牌單一而失去了銷售機會的經銷商。

③充分利用剩餘的生產力。

④爭取成爲領先的品牌線飽滿的企業。

⑤設法填補市場空缺，以防止競爭者的侵入。

如果品牌線填補導致新舊品牌之間自相殘殺，就說明填補過度。品牌行銷者必須使消費者在心目中能夠區分出企業的每一個品牌，因此。每一個品牌都應當具有明顯的個性或差別。

在品牌線中增加的新品牌，不僅要適應企業內部管理的需要，而且還要滿足目標市場的需要。否則品牌延伸就不會取得成功。例如，福特汽車公司在研製「埃德塞爾」牌汽車時，只是考慮滿足公司內部定位的需要，而不是滿足市場需要，從而使公司損失了 3.5 億美元。福特汽車公司注意到，福特牌汽車擁有者寧可出高價購買通用汽車公司生產的歐茲莫比爾牌或別克牌汽車，而不願購買福特汽車公司生產的墨丘利牌和林肯牌汽車。於是，福特汽車公司決定開發一種抬高身價型汽車來塡補其品牌線。埃德塞爾牌汽車也就應運而生了。但是他卻未能適應市場的需要，因爲已有許多類似的汽車可供同類購買者選購，而且許多購買者已開始轉向購買小型汽車了。

4

品牌延伸——單一化品牌戰略

隨著競爭的加劇，企業進入新市場的風險越來越大。龐大的開創費用促使相當一部份企業使用已經具有市場信譽的品牌，借助它們的影響，推出新的產品。將著名品牌或成名品牌使用到與現有產品或原產品不同的產品上，它是企業在推出新產品過程中經常採用的策略，也是品牌資產利用的重要方式。

1.品牌延伸的概念

作爲一種經營戰略，品牌延伸在 20 世紀初就得到廣泛的應用。誕生在本世紀初的一些國際名牌，如「賓士」(Benz)等，都曾採用過類似的策略。但是，作爲一種規範的經營戰略理論，品牌延伸則是在 20 世紀 80 年代以後才引起國際經營管理學界的高度重視的。迄今爲止，國際行銷學界對品牌延伸問題，如品牌延伸的概念、品牌延伸的基本策略、品牌延伸經濟效益的度量等尙沒有一個統一的理論體系。在頗具權威性的行銷學詞典《行銷術語：概念、解釋及其他》中，對品牌延伸的定義是：「品牌延伸是指將已被市場接受的品牌延伸使用到公司的其他產品上，目的是改變原有品牌(產品的形象)，但這種策略必須和其他行銷策略配套使用才能具有較好的效果。」那麼究竟什麼是品牌延伸呢？

所謂品牌延伸，是指將某一著名品牌或某一具有市場影響力的成功品牌使用到與成名產品或原產品完全不同的產品上。比如將「雀巢」使用到奶粉、巧克力、餅乾等產品上，將「萬寶路」使用到箱包皮革製品上，就是品牌延伸。

實際上，品牌延伸是一種單一化的品牌戰略，即所有的目標都承載於一個品牌之上，把所有的資源都聚焦於特定的品牌之上的戰略類型。單一化品牌戰略最典型的特徵就是所有的產品都共用一個品牌名稱、一種核心定位、一套基本品牌識別。這種品牌戰略最大的好處就在於能夠「集中優勢兵力打殲滅戰」，把所有的品牌資產都集中於一個品牌之上，能夠減少企業管理的壓力，能夠壯大企業的聲勢與實力感，能夠提高新產品的成功率，能夠減少顧客的認知不協調，能夠促進規模經濟或降低推廣費用等等。

對於一個企業來講，採用品牌延伸策略推出新產品，受益頗多。

首先，原品牌的知名度有助於提高新產品市場認知率和減少新產品市場導入費用。新產品推向市場的第一步就是如何獲得消費者的認知，使消費者意識到該產品的存在。著名品牌在市場上家喻戶曉，品牌知名度極高，新產品借此推向市場，不僅能迅速爲消費者所熟悉、瞭解，爲企業節省大量的促銷費用，同時還有助於解除消費者對新產品的戒備心理，使新產品更容易爲市場所接受。

其次，原品牌的良好聲譽和影響，有可能對延伸產品產生波及效應，從而有助於消費者對延伸產品產生好感。心理學告訴我們，人的情感歸屬，人對某些事物的偏愛、好惡是具有傳遞性的，所謂「愛屋及烏」就反映了人類這種心理狀態。品牌延伸中的原品牌均是受到消費者歡迎和信賴的，消費者對這些品牌的總體態度和品質評價都比較高。消費者對原品牌的這種好感，即使是部份地輻射到延伸產品，對後者的成功也是有極大幫助的。

再次，採用品牌延伸策略，借助著名品牌推出新產品，使後者的定位更爲方便、容易。產品定位實際上是在市場上爲產品塑造一個獨特的形象，使之具有自己的特點和個性。它是產品取得競爭優勢的重要手段。如果企業擁有某一成功品牌，而該品牌又恰好能準確地傳達新產品定位所需要的信息，新產品定位的目標就更易達成。

2.品牌延伸中的是與非

但是，品牌延伸並不總如人們所期望的那樣美妙，一些著名品牌，在品牌延伸過程中都有過失敗的慘痛教訓。因而進行品牌延伸決策時，企業切不可只爲品牌延伸的誘人前景所陶醉，而對它的潛在風險和可能帶來的不利後果掉以輕心。

3.品牌延伸可遵循的規律

品牌延伸戰略是一種帶有冒險性的戰略，品牌過度延伸會發生品牌稀釋，因此，品牌延伸的尺度問題就成爲行銷界關注的熱點。對於品牌延伸，大家都在尋找可遵循的規律，以下幾條基本能達成共識。

(1)品牌核心價值的包容力是根本

一個成功的品牌有其獨特的核心價值，若這一核心價值與基本識別能包容延伸產品，就可以大膽地進行品牌延伸。反過來的意思就是：品牌延伸應以儘量不與品牌原有核心價值與個性相抵觸爲原則。幾乎所有的品牌延伸案例都可以從是否遵循這一規律找出成敗的根本原因。

品牌延伸中最爲人提及的是「相關性」，即門類接近、關聯度較高的產品可共用同一個品牌，如娃哈哈與雀巢品牌延伸成功，可以從品牌麾下的產品都是關聯度較高的食品飲料的角度來解釋。其實關聯度高只是表像，關聯度高導致消費者會因爲同樣或類似的理由而認可同一個品牌才是實質。比如，選擇奶粉、檸檬茶、咖啡時都希望品牌能給人一種「口感好、有安全感、溫馨」的感覺，於是具備這種感覺的雀巢旗下的奶粉、咖啡、檸檬茶都很暢銷。

關聯度高就可以延伸的理論一遇到完全不相關的產品成功共用同一個品牌的事實就顯得蒼白無力。比如萬寶路從香煙延伸到牛仔服、牛仔褲、鴨舌帽、腰帶等獲得了很大的成功。許多關聯度較低，甚至風馬牛不相及的產品共用一個品牌居然也獲得了空前成功，這說到底是因爲品牌核心價值能包容表面上看上去相去甚遠的系列產品。登喜路(Dunhill)、都彭(S.T.Dupont)、華倫天奴(Valentino)等奢侈消費品品牌麾下的產品一般都有西裝、襯衫、領帶、T恤、皮鞋、皮包、皮帶等，有的甚至還有眼鏡、手錶、打火機、鋼筆、香煙等跨度很大、關聯度很低的產品，但也能共用一個品牌。

因爲這些產品雖然物理屬性、原始用途相差甚遠，但都能提供一種共同的效用，即身份的象徵、達官貴人的標誌，能讓人獲得高度的自尊和滿足感。購買都彭打火機者所追求的不是點火的效用，而是感受頂級品牌帶來的無尙榮耀，買都彭皮包、領帶也是爲了這份「感覺」而不是追求皮包、領帶的原始功能。此類品牌的核心價值是文化與象徵意義，主要由情感性與自我表現型利益構成，故能包容物理屬性、產品類別相差甚遠的產品，只要這些產品能成爲品牌文化的載體。

⑵新老產品之間有較高的關聯度

關聯度較高、門類接近的產品可共用同一個品牌。幾乎每一位行銷廣告界人士都知道這一點。關聯度高只是表像，關聯度高導致消費者會因爲同樣或類似的理由而認可並購買某一個品牌才是實質，可以說，這是品牌核心價值派生出來的考慮因素。

除眾所週知的同行業產品外，關聯度高的表現形式還有：伴侶產品如雀巢的咖啡與伴侶、牙刷與牙膏、印表機與墨粉等；

產品之間有相似的成分、共同的技術；相同的目標消費群如好日本的康貝愛、國內的好孩子延伸到嬰兒童車、紙尿褲、童裝等都很成功；相同的行銷通路與服務如各種電腦耗材等。

(3)在產品的市場容量較小的市場環境中應該儘量多地採用品牌延伸策略

企業所處的市場環境與企業產品的市場容量也會影響品牌決策，有時甚至會起決定性作用。

臺灣企業是運用品牌延伸策略最頻繁的，連許多不應該延伸的行業也是一竿子到底，同一個品牌用於各種產品。這與其成長的市場環境有關，在發展初期，由於缺乏拓展外貿市場的實力，幾乎所有臺灣企業的目標市場都局限在國內，消費品的市場容量是以人口數量爲基礎的，而人口基數僅爲 2000 多萬，任何一個行業的市場容量都十分有限。也許營業額還不夠成功推廣一個品牌所需的費用，所以更多的是採用「一牌多品」策略，如臺灣的統一、味全公司的奶粉、汽水、茶、飲料、果汁、速食麵等一概冠以「統一」、「味全」的品牌名。

統一集團甚至把統一品牌延伸用於蓄電池。統一蓄電池因爲很少被汽車業以外的人士所認知，故不會對統一的速食麵、飲料的銷售帶來不良影響。同時汽車業專業人士又會很自然地想到，統一怎麼說也是一個大企業，對蓄電池的投資不是小打小鬧，在資本上足以保證獲取優秀的人力資源、先進的技術及精良的設備，故其品質是有保證的。統一公司用統一品牌既能以較低的成本推廣蓄電池來加快業內人士的認可，同時對主業的副作用也十分有限。

(4)競爭者的品牌策略——主要競爭對手也開始品牌延伸，延伸的風險就會被中和掉

很多品牌延伸儘管新產品在成名品牌的強力拉動下起來了，但原產品的銷售卻下降了，即產生了「蹺蹺板效應」。娃哈哈的品牌延伸之所以基本未出現此類現象，除娃哈哈品牌核心價值能包容新老產品外，其在兒童乳酸奶行業「半斤八兩」的對手樂百氏也在做類似的品牌延伸也是重要因素。康師傅、統一等這些競爭品牌之間的產業結構基本雷同且都在延伸，各自的風險就隨之降低。

(5)進入市場空檔與無競爭領域則容易成功

TC1 從電話機行業成功延伸進入彩電業主要靠選準了當時大螢幕彩電還沒有被當時的彩電業領導品牌所重視的機會點；海爾切入彩電業則巧妙地選擇了彩電數字化導致傳統模擬彩電巨頭原有的技術領先優勢不再顯著的大好時機；美的在大多數國產品牌還在生產中低檔電鍋，而日本品牌具有電腦模糊邏輯控制功能、外觀豪華氣派的電鍋價格又太高的時候進軍電鍋而一舉成功。

品牌延伸決策要考慮的因素有：品牌核心價值、新老產品的關聯度、行業與產品特點、產品的市場容量、企業所處的市場環境、企業發展新產品的目的、市場競爭格局、企業財力與品牌推廣能力等。而上述眾多因素中，品牌核心價值與基本識別是最重要的。

5

多品牌戰略

與單一品牌延伸完全不同的是多品牌戰略。歐萊雅擁有近500個品牌，寶潔擁有300個品牌，通用汽車擁有12個汽車品牌，伊萊克斯擁有50多個品牌。這種專注於特定產業，採用多品牌以做大生意的方法，讓競爭對手無縫可鑽。無獨有偶，聯合利華、寶潔、歐萊雅、通用汽車和伊萊克斯等公司因爲同樣的原因也採取了多品牌的戰略。因爲他們認爲不同的人，在不同的時間、地點、情境會有著不同的需求。多元化品牌戰略是一個企業採用不同的品牌進入不同的產品市場的策略。

1.多品牌戰略的由來

實際上，最初的多品牌戰略是和市場細分緊密相連的。

1980年亨利・福特(Henry Ford)生產出只有一款黑色的T型大眾化汽車。在他成功銷售這種車型之後不久，時任通用汽車公司總裁的阿爾弗雷德・斯隆(Alfred Sloan)認爲，他的公司將不得不生產一些不同的汽車來與福特公司競爭。斯隆越深入地研究汽車購買者，越發現不同的細分市場需要不同類型的汽車。他也認爲：客戶對車型的需求會隨著年齡的增長和經濟能力的變化而變化，進而從一個細分市場進入另一個細分市場。而一旦他贏得這個客戶，只要能夠提供不同的車型來滿足客戶變化的需求，就可以留住這個客戶。

這就是通用汽車會成爲提供多品牌滿足不同目標客戶的先行者之一的原因。它的車型包括從低價位的雪佛萊(Chevrolet)到龐蒂克(Pontiac)、奧茲莫比爾(Oldsmobile)和別克(Buick)，一直到當時最昂貴的家庭用車——凱迪拉克(Cadillac)。斯隆認爲當購買雪佛萊的消費者生活水準提高到可以購買更好的車的時候，他的公司仍然可以滿足他們的需求，不過這次是用不同的車型和信息。通過這種方式，通用汽車能夠保持那些客戶不流失。斯隆認爲汽車可以讓更成功的人士表明他們與中產階級和不太成功人士的區別。通用汽車早期市場細分的努力使得它最終擊敗福特，在 19 世紀 20 年代成爲汽車產業的領導者。

多品牌戰略就是把目標分別承載於不同的品牌之上，把資源分別配置於不同的品牌之上的戰略類型。多元化品牌戰略最典型的特徵就是每一個產品或每一個產品群都使用不同的品牌名稱、不同的定位、不同的品牌識別。產品品牌多元化的例子有瑞士製表集團，旗下有雷達、歐米茄、天梭、浪琴、SWATCH等；產品群品牌多元化的例子有松下，家用電器爲 NATIONAL，音像製品爲 PANASONIC，立體音響爲 TECHNICS。這種品牌戰略最大的好處就在於能夠「深挖洞、廣集糧」，滿足不同消費者的差異化需求，保證每一個產品都擁有自己的定位和獨特的個性，市場的定位與深耕密作，降低單個產品的失敗對總體的影響等等。

在品牌行銷領域，寶潔被稱為多品牌策略的「教父」，旗下品牌「飄柔」、「潘婷」、「海飛絲」、「激爽」、「佳潔士」、「玉蘭油」等在各自領域無不擁有強大的市場地位和較高的知名度。另外，從未主動對外宣稱旗下擁有「蘭蔻」、「美寶蓮」、「薇姿」等眾多知名品牌的歐萊雅企業，也因多品牌策略的推行而在化妝品領域舉足輕重。

然而這種品牌戰略也並非可以簡單照抄，因為每一個品牌都必須單獨推廣勢必會增加費用開支，實力不強的企業根本無力承受，比如上海紡織集團就擁有幾十上百個品牌，然而除了「三槍」等寥寥無幾的幾個品牌之外，其他品牌根本就是有名無實；另外，它要求更高的品牌組織與管理能力，多元化品牌使得企業的供應鏈管理、分銷管理、推廣管理都等產生了巨大的壓力。P&G 作為多元化品牌戰略的鼻祖，近些年來也開始通過在品牌經營上增設品類經理、削減過於複雜的促銷活動等方式來降低管理的壓力，再比如國內服裝業的「杉杉」也做了三四十個品牌，但新品牌除了「法涵詩」之外幾乎無一勝果，原因就在於這裏。

2. P&G——多品牌戰略的典型

多品牌戰略的典型是 P&G，自從 1931 年推行品牌經理制以來一直堅持品牌多樣化的原則，僅僅在洗髮水領域就分別有海飛絲（定位於去屑）、飄柔（定位於柔順）、潘婷（定位於健康）、沙宣（定位於專業）等等，200 多個品牌形成的強大組合不僅使得 P 乙 G 成為資產超過 300 億美元的超級企業，也使得在日用品領域無人能敵其鋒芒。

⑴**必須尋求差異**

如果把多品牌策略理解爲企業多到工商局註冊幾個商標，那就大錯而特錯了。寶潔公司經營的多種品牌策略不是把一種產品簡單地貼上幾種商標，而是追求同類產品不同品牌之間的差異，包括功能、包裝、宣傳等諸方面，從而形成每個品牌的鮮明個性，這樣，每個品牌都有自己的發展空間，市場就不會重疊。以洗衣粉爲例，寶潔公司設計了 9 種品牌的洗衣粉：汰漬(Tide)、奇爾(Cheer)、格尼(Gain)、達詩(Dash)、波德(Bold)、卓夫特(Dreft)、象牙雪(Lvory Snow)、奧克多(Oxydol)和時代(Eea)。他們認爲，不同的顧客希望從產品中獲得不同的利益組合。有些人認爲洗滌和漂洗能力最重要；有些人認爲使織物柔軟最重要；還有人希望洗衣粉具有氣味芬芳、鹼性溫和的特徵。於是就利用洗衣粉的 9 個細分市場，設計了 9 種不同的品牌。

寶潔公司就像一個技藝高超的廚師，把洗衣粉這一看似簡單的產品，加以不同的佐料，烹調出多種可口的大萊。不但從功能、價格上加以區別，還從心理上加以劃分，賦予不同的品牌個性。通過這種多品牌策略，寶潔已佔領了美國更多的洗滌劑市場，目前市場佔有率已達到 55%，這是單個品牌所無法達到的。

⑵**找到「訴求點」**

寶潔公司的多品牌策略如果從市場細分上講是尋找差異的話，那麼從行銷組合的另一個角度看是找準了「訴求點」。也稱「獨特的銷售主張」，英文縮寫爲 USP。這是美國廣告大師羅瑟。瑞夫斯提出的一個具有廣泛影響的行銷理論，其核心內容是：廣告要根據產品的特點向消費者提出獨一無二的說辭，並讓消費者相信這一特點是別人沒有的，或是別人沒有說過的，且這些特點能爲消費者帶來實實在在的利益。在這一點上寶潔公司更是發揮得淋漓盡致。

以寶潔推出的洗髮水爲例，「海飛絲」的個性在於去頭屑，「潘婷」的個性在於對頭髮的營養保健，而「飄柔」的個性則是使頭髮光滑柔順。在市場上推出的產品廣告更是出手不凡：「海飛絲」洗髮水，海藍色的包裝，首先讓人聯想到蔚藍色的大海，帶來清新涼爽的視覺效果，「頭屑去無蹤，秀髮更乾淨」的廣告語，更進一步在消費者心目中樹立起「海飛絲」去頭屑的信念；「飄柔」，從牌名上就讓人明白了該產品使頭髮柔順的特性，草綠色的包裝給人以青春美的感受，「含絲質潤發素，洗髮護髮一次完成，令頭髮飄逸柔順」的廣告語，再配以少女甩動如絲般頭髮的畫面，更深化了消費者對「飄柔」飄逸柔順效果的印象；「潘婷」，用了杏黃色的包裝，首先給人以營養豐富的視覺效果，「瑞士維他命研究院認可，含豐富的維他命原 B5，能由發根滲透至發梢，補充養分，使頭髮健康、亮澤」的廣告語，從各個角度突出了「潘婷」的營養型個性。

從這裏可以看出，寶潔公司多品牌策略的成功之處，不僅在於善於在一般人認爲沒有縫隙的產品市場上尋找到差異，生產出個性鮮明的商品，更值得稱道的是能成功地運用行銷組合的理論，成功地將這種差異推銷給消費者，並取得他們的認同，進而心甘情願地爲之掏腰包。

(3)能攻易守的策略

傳統的行銷理論認為，單一品牌延伸策略便於企業形象的統一，減少行銷成本，易於被顧客接受。但從另一個角度來看，單一品牌並非萬全之策。因為一種品牌樹立之後，容易在消費者當中形成固定的印象，從而產生顧客的心理定勢，不利於產品的延伸，尤其是像寶潔這樣的橫跨多種行業、擁有多種產品的企業更是這樣。寶潔公司最早是以生產象牙牌香皂起家的，假如它一直延用「象牙牌」這一單一品牌，恐怕很難成長為在日用品領域稱霸的跨國公司。關於品牌，寶潔的原則是：如果某一個種類的市場還有空間，最好那些其他品牌也是寶潔公司的產品。寶潔推行多品牌策略，除了準確的市場定位和對需求差異的把握外，最為重要的是一直尋求並加強能把各種品牌「串」在一起的黃金線，一種淩駕於各種產品之上的品牌核心精神，一種給用戶帶來的始終如一的消費體會。

3.多品牌策略模式

(1)多品牌模式的形式

一個企業同時經營兩個以上品牌的情形就是多品牌模式。儘管有很多企業同時擁有多個品牌，但很多企業實施的並不是多品牌模式。多品牌模式必須滿足以下幾個條件：

①不同的品牌針對不同的目標市場

市場細分是現代市場經營的基本原則，多品牌模式的目標就是利用不同的品牌覆蓋更多的市場，不同的品牌通常具有不同的目標市場。

②主力品牌有一定的市場影響力

這是多品牌模式的試金石。是否真正具有多品牌模式的實質，必須審視不同的品牌是否都具有一定的市場影響力。寶潔公司旗下的品牌，如果不能進入市場的第一軍團，公司通常會放棄這個品牌。

很多企業，在市場中也推出了兩個以上的品牌，但通常只有一個品牌有市場影響力，這種情形不能歸類於多品牌模式。

③特定品牌的經營具有相對的獨立性

多品牌最重要的特徵就是在企業內部，特定的品牌具有相對的獨立性，從產品開發到市場行銷，特定品牌的作業都是獨立的，這種獨立通常是建立在內部組織結構和設計獨立的基礎上的。

⑵適合多品牌策略生存的行業

並不是所有的行業都適合多品牌策略生存。品牌從創建到成長爲知名品牌需要一個相對比較漫長的過程，因此多品牌策略的推行是一個長期行爲。要根據企業所處行業的具體情況，如寶潔公司所處的日用消費品行業，運用多品牌策略就易於成功。而一些市場競爭過於成熟的行業不適合新品牌成長，多品牌策略推行將會難上加難。比如在彩電領域，重新創建一個新品牌是需要冒很大風險的，微薄的利潤和白熱化的競爭狀態已無法給予一個新品牌足夠的成長空間，不論推出該新品牌的企業在這一領域擁有怎樣的市場地位。

①處於成長期的消費品行業

在一些正處於成長期、尚未被幾大品牌壟斷的行業，推行多品牌策略的優勢是十分明顯的，諸如服裝、化妝品、餐飲等行業。這些行業大多品牌眾多、魚龍混雜，各類品牌呈階梯狀分佈，各梯隊品牌在市場佔有率方面相差不大，行業尚無領導品牌。這些行業，儘管市場空間巨大，卻被數以萬計的大小品牌分食，銷量超過 10 個億的品牌寥寥無幾。在這種情況下，一個品牌成長到一定高度後，繼續成長的空間不大，而推廣的困難度則越來越高。因此實行多品牌策略，通過不同定位的品牌來滿足不同消費者的需求，是比較明智的做法。

②小眾消費品行業

該類行業通常因消費需求較小，而很少被大眾消費者和媒體關注。並且具有價格透明度低、利潤相對豐厚、品牌的大眾知名度不高、品牌推廣成本相對較低的共同特點。這種行業環境爲新品牌成長創造了機會，同時也造就了多品牌運作的溫床。比如音響、MP3 等行業均在此列。

即使身處上面提到的兩類行業之中，也不是任何企業都具備推行多品牌策略的基礎和條件。經營多種品牌的企業要有相應的實力，品牌的延伸絕非朝夕之功。從市場調查，到產品推出，再到廣告宣傳，每一項工作都要耗費企業的大量人力、物力。這對一些在市場上立足未穩的企業來講無疑是一個很大的考驗，運用多品牌策略一定要慎之又慎。一般來說，行業領先品牌和行業挑戰品牌比較有優勢。作爲行業領先品牌，相對於競爭品牌無論是品牌知名度還是市場佔有率，都有領先優勢。

由於行業性質所限，它們的成長速度越來越緩慢，成長空間越來越小。然而，由於它們在成本、技術、管理、服務、價格、管道、形象等一個方面或多個方面的相對優勢，使它們具備了推行多品牌策略的必要條件。推行多品牌策略的目的十分明顯：謀求更大的市場佔有率，拉大與其他品牌的距離，努力成爲行業領導者。而一些行業挑戰品牌在運作過程中也往往發現，靠單一品牌的力量，很難追上並超越比它們更具優勢的領先品牌。假如同時擁有幾個定位和消費訴求各不相同的品牌，不僅可以更大程度地佔有市場佔有率，而且還可以給領先品牌帶來如同狼群圍攻老虎時的威脅。行業挑戰品牌推行多品牌策略的目的也變得非常清晰：以多敵少，打敗領先品牌，成爲領先品牌。

多品牌策略能較好地定位不同利益的細分市場，強調各品牌的特點，吸引不同的消費者群體，從而佔有較多的細分市場，而且一旦新品牌成功，可以給企業帶來巨大的無形資產利益。個人認爲，市場經濟逐漸成熟、競爭加劇的市場已具備適合多品牌策略生存的土壤，但推行多品牌策略不能照搬全球化品牌的成功經驗，就目前來看，國內的成長企業與全球化企業在資金實力和運作經驗等方面都還存在很大差距。因此國內成長企業在推行多品牌策略時應充分考慮企業自身及競爭環境的現狀，推行「多品牌策略」。

品牌案例：品牌擴張的迪士尼擴張歷程

2002 年,《商業週刊》的一項跨品牌的品牌價值研究表明，沃爾特迪士尼公司 50%以上的價值來自於迪士尼這個品牌，該品牌價值超達 290 億美元。毫無疑問，這一估價低估了迪士尼家族裏数以百計的其他品牌的價值。

這一切都始於狄斯奈樂園，這個迪士尼最初的品牌衍生。「狄斯奈樂園」所帶來的品牌衝擊比商業史上任何一個品牌運作帶來的衝擊都要大。狄斯奈樂園提供了身臨其境的感覺。你不僅親眼看到了幻想世界，而且竟能身處其中，體驗當一個牛仔，在西部的小酒館裏暢飲的感覺。你可以面對面地與米老鼠和唐老鴨交流，你可以在一個情景劇中坐過山車，這都是在其他樂園裏沒有的。不僅如此，這種體驗還是家庭式的，它所帶來的美好回憶就更為長久，不管是孩子，還是家長，狄斯奈樂園縈繞了無数人的溫馨回憶。家庭娛樂被賦予了其他品牌難以企及的深度。

狄斯奈樂園是和迪士尼品牌緊密聯繫在一起的。迪士尼的名字毫無疑問掛在門上，但更重要的是，狄斯奈樂園為一大批與迪士尼品牌相關的標誌和人物的展示提供了舞臺。迪士尼人物不僅在園中四處走動，參加遊行隊伍，而且還在所有的地方展出，從「泰山的樹屋」到「維尼小熊歷險」，到「與你最喜愛的迪士尼公主的約會」。狄斯奈樂園與迪士尼品牌牢不可分。在積極延伸品牌，擴充品牌資產和開拓新商機方面，迪士尼稱得上是典範。它運用了「樂園」、「巡遊戰艦」等形容詞，開發了亞品牌「百老匯大道」、「迪士尼世界」，托權品牌「獅子王」、「動物王國」，聯合品牌「迪士尼米高梅電影世界」等眾多品牌。讓我們來看一下迪士尼品牌發展的道路上的每一步是如何適應並提升它的整體品牌的。

1954 年，就在狄斯奈樂園主題公園揭幕前幾個月，公司推出了一個叫做「狄斯奈樂園」的電視節目。這個節目一炮而紅，至今不衰。該節目由沃爾特迪士尼本人親自主持了許多年，輪流推出與狄斯奈樂園主題公園相關的節目，有時是幻想世界，有時是探險世界、未來世界、西部世界等等。大衛·克勞切特系列節目尤為受歡迎，為迪士尼招徠了又一個人物和標誌家族。1955 年，迪士尼品牌再次向電視產業進軍，推出了「米老鼠俱樂部」，并最終於 1983 年成立了迪士尼頻道。儘管起步慢了一點(部份原因是迪士尼選擇了收費頻道這條路)，迪士尼頻道還是在 2003 年超過了另一家兒童頻道 Nickeldeon。

迪士尼還把狄斯奈樂園的概念推廣到世界各地，於 1971 年開放了迪士尼世界度假村，1983 年開放了東京狄斯奈樂園，1993 年開放了歐洲狄斯奈樂園。其他迪士尼認可的樂園還有 1982 年的未來世界，1989 年的米高梅電影世界，1998 年的動物王國和 2001 年的加州探險樂園。迪士尼把這些品牌作為托權品牌而不是亞品牌，為的是讓人們認識到這些樂園各自有各自的特色，值得花時間一遊。在樂園附近有著眾多的度假酒店，每一家都富有迪士尼特色，比如「天堂碼頭」、「迪士尼大加州」、

「迪士尼動物王國客棧」、「迪士尼遊艇」、「海灘俱樂部度假村」等等。為了使度假的感覺更為完整，樂園裏還建有迪士尼商業街和迪士尼世界度假村。

然而這都只不過是故事的一小部份罷了。1987 年，迪士尼主題商店誕生，銷售迪士尼卡通玩具娃娃、遊戲、影碟、CD 等，商店變成了推銷品牌的另一個載體。迪士尼電影公司不斷推出動畫電影(如《101 條斑點狗》)和故事片(如《家長陷阱》、《瑪麗波平斯》)來增加迪士尼家族的品牌資產。此外還有冰上迪士尼、迪士尼遊船公司、百老匯的《獅子王》、迪士尼拍賣公司(和 eBay 聯合推出)、迪士尼信用卡和迪士尼廣播電臺等。

心得欄 ------------------------------------

第十一步

對品牌加以保護

1

怎樣保護品牌

當商標專利事務所受志高冷氣機的委託，赴印尼進行商標檢索並欲申請商標註冊時，卻驚訝地發現與其本公司一模一樣的一個商標已經在該國註冊。經過調查：志高冷氣機在印尼的一個經銷商以自己的名義對志高冷氣機的商標進行了註冊。如果通過正常程序註冊，志高冷氣機可以僅花費 1000 美金左右，完成在印尼的商標註冊，但現在志高冷氣機如果想奪回自己的商標，其費用至少高達 3 萬美金。

無獨有偶，「英雄牌」金筆深受日本消費者的歡迎，但其商標卻被日本商人搶先在日本註冊，從而要求按「英雄牌」金筆在日本的銷售量向他支付 5%的傭金，爲此付出巨大的代價。

這樣的悲劇可以說是舉不勝舉……企業對品牌的保護已經刻不容緩。

品牌保護主要是指對商標、專利權等無形資產的保護以及在品牌管理過程中對品牌有無傷害行爲。

對品牌的硬性保護主要指對品牌的註冊保護，包括縱向和橫向全方位註冊，不僅對相近商標進行註冊，也對相近行業甚至所有行業進行註冊。

樹立一個牢固的品牌，商標保護至關重要。如果馳名商標不進行品牌保護的話，同樣會面臨從公眾心中消失的危險。「可口可樂」能夠經歷上百年仍然長盛不衰，正是因爲它的配方、商標、外觀設計、包裝技術、廣告宣傳的版權無一不依賴法律保護。然而即使是非常重視品牌保護的「可口可樂」，亦百密一疏，於是便有了著名的訴「百事可樂」侵權案，也有了「非常可樂」事件。由此可見品牌保護是不容輕視的問題，要想保護自己的商標權益，首先要取得商標的專用權，其次要注意商標的類別組合註冊，通過科學的組合註冊，編織一張嚴密的保護網，從而確保他人難以搭便車獲取利益。

1.行業註冊

一個食品品牌，不僅需要在食品行業進行註冊，同時也要考慮到其他的行業，比如醫藥、地產、電器、化妝品等行業進行註冊，這樣就不會在其他行業裏出現同名的品牌，品牌發展延伸時也就不會惹上法律上的麻煩。

2.副品牌註冊

對於實施了副品牌戰略的企業來說，有必要對各種副品牌名稱進行註冊。比如海王金樽、海王銀得菲，如果不對金樽、銀得菲進行註冊，就可能會出現許多三九金樽、太太金樽甚至海爾金樽，到了最後的時段卻是花了一大把的銀子，還爲競爭對手無償地宣傳了一回。

3.包裝風格註冊

對自己企業或公司獨特產品的包裝風格，要立刻申請專利保護，如可口可樂的外形包裝，其他的飲料企業公司就不能模仿，如藍天食品公司在對藍天食品的包裝設計中，藍天旗下的幾十種產品包裝都保持著同一種風格，那就是藍天上飄有白雲，背景是藍色。在新的包裝未更換之前，藍天公司就悄然地對其包裝風格進行了註冊，以防止競爭對手模仿偷襲。

4.形象註冊

進入新千年以後，形象物已被越來越多爲企業所使用。如海爾公司的海爾兄弟，以及我們大家所熟知的麥當勞叔叔、肯德基上校、一休小和尚等等，這些形象的使用成爲品牌識別的標誌之一，對其進行註冊保護，可以維護品牌識別的完整性。

5.近似註冊

比如「太子奶」與「太於奶」，這只不過是一個字「子」與「於」之間的區別。「太於奶」就是一種其他企業的「近似註冊」。這種註冊方式，對於企業品牌的傷害很大，會大幅度影響企業在市場中的銷量。「太子奶」如果在同行業中同時註冊「太於奶」、「太小奶」等名稱，就可以有效避免不必要的傷害。還有一些品牌爲了更好地進行識別，會設計一些新穎的輔助標識，這也是品牌註冊工作的一部份。

6.**跨國註冊**

商標跨國註冊有兩條管道：對於《馬德里協定》締約國的企業或個人到該協定締約國進行商標註冊，可通過世界知識產權組織國際局進行商標國際註冊；到非《馬德里協定》締約國進行商標註冊，一般採用「逐一國家註冊」的方式，必須在每一個國家逐一進行註冊。在國內有些企業的品牌自我保護意識非常強。如神龍公司的富康品牌，不僅申請註冊了國內商標專用權，還在香港、臺灣和東南亞的緬甸、泰國、菲律賓等國家依法辦理了國際註冊申請，使神龍公司成爲享有跨地區、跨國界，國際上認同許可和依法保護的馳名商標。然而到現在爲止，具有神龍公司這種跨國界品牌意識的企業並不是太多，許多企業到國外去註冊時才發現自己的品牌早已被人註冊了。

「火炬牌」打火機在英國銷路很好，但其商標被瑞士商人搶先在英國註冊，「火炬牌」打火機因此被迫退出英國市場。

四川長虹電子集團既沒有自己出口「長虹」品牌的產品到南非，也沒有授權任何國內貿易公司向這個市場出口，但該市場上就發現了「長虹紅太陽」彩電。而在印尼、泰國等地，「長虹」商標被國內的另一家電器生產企業搶註。

而久經市場洗禮的國外企業，在這方面卻是我們學習的榜樣。據資料顯示，日本的松下電器、東芝、日立，美國的通用，德國的漢高等知名企業擁有的商標註冊件數都是從幾千件到幾萬件，少數公司的商標甚至達到六七萬件。

7.制止混淆

制止混淆也是保護品牌的另一重要方面。

知名的雜誌《讀者》就曾遭遇過這樣被人假冒商標的尷尬：某出版社曾印刷《美文奇文妙文》和《紅玫瑰》各一萬套，銷售額 18.36 萬元。出版社在這兩套書的封面上重點突出「讀者精華」四個字，而且極力模仿《讀者》的裝幀、排版風格，購買者誤認為是《讀者》雜誌的精華本。《讀者》雜誌於是憤然而起，依據法律，訴諸行政部門以求保護自己的利益。

對於混淆的認定，隨著社會的發展也越來越細化，介於侵權與非侵權之間的企業行為也越來越多。例如，荷蘭著名的大型倉儲式平價商場 MAKRO，它在中國時起了一個非常貼切響亮的名字——萬客隆，並在中國取得了很大的成功，但是隨之而來的就是各種各樣的「客隆」遍地開花。「客隆」似乎也逐漸成為了倉儲式商場的代名詞。有些商標，和馳名商標也許稱不上相同或者類似，但是消費者會覺得和原來的馳名商標有某種聯繫，也許出於對原商標的信任和好奇而進行購買，這種行為被認為是侵害了商標的正常權益，是一種侵權行為。

2
維護註冊商標的權益

用法律手段保護自己的品牌權益，對企業有著極其重大的意義。因為法律具有強制性，它界定了企業在品牌資產上的權益邊界及相應的條件，是企業保護自己品牌資產的最重要的手段。

1.重視商標的國內外註冊

依靠法律保護品牌的一個重要途徑是進行商標註冊。

(1)及時註冊商標

從品牌保護的角度講，及時註冊商標的重要性主要有兩點。

其一，商標一旦註冊成功，其他人就不能在相同或近似的商品上註冊或使用與自己企業相同或近似的商標，從而可有效防止他人侵犯本企業商標的合法權益。

其二，及時註冊商標是防止自己精心培育的品牌被他人搶註的最好辦法。商標一旦被他人搶註，該商標即為他人所有，原商標所有人不僅不被承認，若繼續使用還屬侵權，落個「給他人做嫁衣」的下場。而且，品牌知名度越高，其被搶註的可能性越大。許多著名品牌都因未能及時註冊，特別是未能及時在國外註冊而被他人搶註。

例如，「芭蕾」牌珍珠霜在不少國家和地區頗爲暢銷。1980年，在印度、新加坡等國被外商搶先註冊，後來以 20 萬元的代價才買回了商標權。又如，鸚鵡牌手風琴打入日本後，銷售情況很好，但未及時註冊，被日商搶註，導致再次出口時，日商就要提取 15%的銷售費，廠商只好放棄鸚鵡商標而改用「蜻蜓」牌。

⑵及時續展到期商標

所謂「商標無期限」是指，商標十年保護期滿後，只要企業及時續展，可以再獲得十年的保護，續層次數不限。也就是說，只有通過不斷續展，企業才能享有商標的永久獨佔權。如果商標權利人在商標專有權期滿後不及時辦理續展，該商標將被依法註銷。如果他人借機搶註，商標所有權即會易主；若商標原主人繼續使用，則屬商標侵權。

例如，長沙中藥一廠從 1956 年就開始使用的「九芝堂」商標，在 1982 年有效期滿時因未及時續展，被他人坐享其成。

某酒廠商標本可轉賣，但當欲購者得知該商標沒有續展後，便自己註冊了該商標，這家酒廠即失掉了商標，又沒有獲得利益。

2.正確使用註冊商標

所謂正確使用註冊商標，包含以下幾方面的含義：

⑴商標註冊後要投入商業上的使用

爲防止註冊簿上大量「垃圾」商標(不使用而失去意義的商標)的存在，各國商標法都明文規定，商標取得註冊後，應當投入商業作用。但各國對使用期限有不同的要求。例如，英國、法國、德國、泰國等大部份國家規定爲 5 年；日本、韓國、義大利、加拿大和澳大利亞等國家規定爲 3 年；還有的國家，如巴西、智利等規定爲兩年。也就是說，在無正當理由的情況下，若商標註冊後連續 2 年、3 年或 5 年不使用，商標主管部門會主動或依據第三人請求將商標註冊從註冊簿上剔除。

⑵使用商標要與註冊商標一致

使用的商標，也就是商品標籤上的、包裝容器上的或商品包裝上的商標要和申請註冊的或已經獲准註冊的商標保持一致，不得有實質性的改變。否則，其使用不被視爲註冊商標的使用。有些國家甚至規定，自行改變註冊商標的文字、圖形或者其組合的，其註冊商標有被註銷的危險。

如果註冊人不僅使用被批准註冊的商標，而且使用了與該註冊商標「近似」的其他標識，其行爲就屬於「自行改變註冊商標的文字、圖形或其組合」，商標局將會給予處理、甚至會撤銷其註冊。

商標顏色的使用也是非常重要的。各國商標法一般都規定，如果註冊黑白商標，將適用於所有顏色。如果註冊的是彩色商標，那麼註冊的是什麼顏色，使用的必須是什麼顏色，改變顏色，將視爲自行改變商標。因此，如果沒有非常固定的使用顏色，最好註冊黑白商標，這樣使用時方便靈活，對商標的保護更廣泛。

⑶將註冊商標用於指定的商品或服務項目上

商標註冊後，註冊人應當將商標用於所指定的商品上或商品範圍內，決不能用於非指定的商品上或超出指定的商品範圍。如果擅自把註冊商標使用到註冊時並未指定的其他商品上（即使是「類似」商品上），該商標就有被撤銷的危險，或被認定為侵權。

例如，某一家經營房地產的鄉鎮企業於 1997 年 11 月在不動產出租及住房代理等服務項目上申請註冊了「幸福」商標。此後，公司投入了大量的人力、物力進行廣告宣傳，使該商標在其公司週邊地區享有較高的知名度。1998 年 1 月，另一家生產食品的公司在其生產的食品上使用並註冊了「幸福」商標，但商標設計與房地產公司的不同。1999 年 3 月，該房地產公司拓寬經營範圍，也辦了一家食品廠，並在生產的食品上使用了該公司註冊的「幸福」商標。同年 5 月，工商局認定上述房地產公司侵犯了那家公司的商標權，並對其進行了處罰。這是因為，該公司於 1998 年 1 月就已經在食品上註冊了「幸福」商標，取得了商標專用權。而房地產公司在與其相同類別的商品上使用「幸福」商標，雖然商標設計不同，但仍會引起消費者的誤認、誤購。

⑷不輕易將商標特許他人使用

允許他人使用自己的品牌，實際上是允許他人使用自己的信譽。因此，註冊商標許可他人使用，應正式簽定商標許可協定並在有關國家的商標註冊當局辦理商標使用許可備案手續。這是因為，商標被許可人的使用一般都被視為商標註冊人的使用，使用許可備案將有利於商標權的維護。此外，還要注意加強對被許可人的商標使用管理，監督被許可人使用其商標的商品品質以防止註冊商標被撤銷或影響商標信譽。

3.防止他人註冊相同或相似商標

如何防止他人註冊相同或近似商標呢？

(1)在法律程序範圍內保護商標專用權

各企業要安排專人或委託他人注意監視《商標公告》，若發現與自己的註冊商標相同或近似的，要及時提出異議；對於已經核准註冊但不滿一年的相同或近似商標可以提出爭議。法國著名的夏奈爾公司只要發現《商標公告》中有與其商標圖形或文字相似的，就要提出異議或者爭議。據粗略統計，在 1997 年以前，該公司就提出異議、爭議近 200 件，雖然異議、爭議成立的少，但該公司仍堅持不懈地提出異議，矢志不移地保護自己的商標權。總之，他們不惜花費大量人力、物力保護自己的商標在先權，他們認爲不讓影響自己商標權的商標出籠比查處商標侵權更爲重要。

(2)註冊聯合商標及防禦商標

聯合商標是指同一商標所有人在同一種或者類似商品上註冊的若干近似商標。這些商標中首先註冊的或者主要使用的爲主商標，其餘爲聯合商標。

例如，柳州牙膏廠在牙膏商品上除了註冊其馳名商標「兩面針」外，還註冊了「面面針」、「雙面針」、「針兩面」、「貳面針」等許多商標。

防禦商標則是商標所有人在不同類別的商品或服務上註冊若干相同商標，原主要使用的商標爲主商標，其餘爲防禦商標。

3

品牌的經營保護策略

所謂品牌的經營保護，是指企業經營者在具體的行銷活動中所採取的一系列維護品牌形象、保持品牌市場地位的活動。不同的品牌，因其所面臨的內部和外部環境的差異，自然經營者所採取的保護活動也各不相同，但是不論採取何種經營活動對品牌進行保護，都必須以下列幾點爲基礎：

1.**以市場為中心，全面滿足消費者需求**

消費者的「口味」是不斷變化的，這就要求品牌內容也要隨之做出相應的調整，否則，品牌就會被市場無情地淘汰。

市場是無情的，它不管你是何種品牌，只要你違反了市場變化的規律，就必會導致企業經營的失敗。利維氏是大家十分熟悉的牛仔服裝品牌，在 20 世紀 80 年代中期，隨著美國摒棄正裝，崇尚休閒流行，以及美國西部影片的全球熱映，利維氏公司創下了在一年內的時間內股票狂升 100 多倍，市值由每股 2.53 美元上漲到每股 262 元，創造了舉世聞名的「利維氏神話」。然而，市場上沒有永遠英雄的品牌，由於利維氏品牌沒有抓住其主要消費者即 14～19 歲年青人的心理，依然固步自封、我行我素，想當然地閉門造車，導致它的風光不再。20 世紀 90

年代開始走向沒落，到 1997 年利維氏公司被迫關閉了設在歐美地區的 29 家工廠，裁員 1.6 萬人，1998 年利維氏公司的銷售額又下降了 13%。利維氏品牌的沒落多半是因爲它忽視了年輕顧客的心理變化，忽視了流行時尚，忽視了消費者偏好的變化而導致的。

以市場爲中心，完全滿足消費者需求，就是要求品牌經營者們建立完善的市場監察系統，隨時瞭解市場上消費者的需求變化狀況，及時地調整自己的品牌，以便使品牌在市場競爭當中獲勝，順利完成品牌保護的工作。

2.苦練內功，維持高品質的品牌形象

豪門啤酒在 1990 年初曾經風靡一時，然而，由於其與某些酒廠合作生產後，沒能控制好品質管理，嚴重影響了其啤酒的形象，充斥市場的大量劣質豪門啤酒，僅僅數日就令豪門啤酒風光不再。

對品牌經營者而言，維持高品質的品牌形象，可以通過以下幾方面進行：

⑴評估產品目前的品質

品牌經營者應該從內部挖潛，即全力貫徹實施內部品質管理體系，從根本上瞭解消費者對品牌產品的意見和建議。

⑵產品設計要考慮顧客的實際需要

東京麥肯錫顧問公司決定改進電動咖啡壺，以適應人性化需要。在設計時，負責設計的技術人員問了一大堆問題，諸如壺應該大一點好還是小一點好。後來，經過討論，大家一致認爲咖啡愛好者普遍對味道香醇的咖啡感興趣，該公司負責人問設計人員，那些因素影響咖啡的味道？設計小組研究的結果表明，有很多因素會影響咖啡的味道：咖啡豆的品質和新鮮度，研磨方式，加水方式和水質等。其中水質是決定性的因素。所以該品牌產品設計了一個去除水中氮化物的裝置，另外新產品還附有一個研磨裝置，消費者要做的，只是加水和放咖啡豆。改進後的電動咖啡壺受到廣大顧客的歡迎。

⑶從品牌廣告、行銷、公關、策劃等多種角度，建立獨特的高品質形象

知名品牌主要由「品位高雅」、「品質可靠」、「設計人時」等內在因素起主要作用的，但品牌也要善於包裝自己，也就是通過各種有效的手段把自己宣傳出去。國美電器在這方面是相當成功的，它所經營產品的價格並非最低，品質也並非最好，但它通過媒介向消費者宣傳自己，進行自我炒作，用彩電等幾個家電品牌價格的低廉換取了消費者認為「國美的東西都便宜」的印象，從而擴大企業的知名度，使國美成為銷售終端大戶的傑出代表。

⑷隨時掌握消費者對品質要求的變化趨勢

現在，越來越多的汽車出廠時都裝上了豪華設備。進口商和生產廠家合力向這一趨勢靠近。紅色安全帶、光線柔和的剎車燈、電子控制升降窗、昂貴的身歷聲音響設備、車內電話和冷氣機以及上等製作的方向盤、換檔杆、儀錶盤、高級真皮包裹的座椅等充分體現了消費者講求舒適、豪華的趨勢。

⑸讓產品便於使用

如今人們似乎變得越來越懶了，什麼都追求個方便輕鬆。

商務通電腦是恒基偉業公司推出的新型全能手寫掌上電腦，自上市以來就頗受白領階層歡迎，其成功的秘訣就在於商務通電腦輕便靈活，便於顧客隨時使用，難怪該公司會打出「商務通，科技讓你更輕鬆」的廣告語來招攬顧客。

3.嚴格管理，鍛造強勢品牌

企業品牌的經營保護最強勢要素就是企業對企業品牌進行全方位的嚴格管理，以便保持和提升品牌競爭力，使品牌更具活力和生命力。

榮事達公司自20世紀90年代初就引入了ISO 9000品質體系和推行「零缺陷」管理，榮事達公司將「用戶是上帝」、「下一道工序是用戶」、「換位思考」、「100%合格」等品質意識轉變爲員工的自覺行動，創建了屬於榮事達自己的「零缺陷生產」模式。與此相關的一系列有關的制度紛紛出臺，從而實現爲分散與集中、全員自控與專門控制、內在品質控制與系統信息回饋相組合的「零缺陷生產」品質管理體系。

反之，忽視品質控制，降低品牌產品品質，對於企業品牌來講就是一種自殺行爲。有的企業一看到市場緊俏，產品供不應求，就降低品質管理，結果很快就被拋棄淘汰出局。

4.實施「差異化」策略，進行品牌再定位

一種品牌在市場上的定位不論其最初是如何適宜，但到後來往往由於消費趨勢的變化、消費者的興趣變化、偏好轉移以及市場佔有率的變化不得不對它進行重新定位或者實行差異化策略。

飲料市場被國際品牌佔領了大半市場空間，達能在國內連續收購更驚心動魄，眾多民族品牌遭受毀滅性打擊，在這種情況下椰樹集團統借其獨一無二的椰子汁在國內飲料市場發展起來。在椰樹集團進入市場之前該類產品在市場上是一塊空白，這使之具備完全差異化優勢，終於躋身全國十大飲料企業之列。

如果說椰樹是依靠產品本身差異化取得成功的，那農夫山泉即是在產品本身差異不大的情況下，利用概念差異化取勝的案例。

農夫山泉在瓶裝水市場上毫無競爭優勢，上有娃哈哈和樂百氏兩大品牌的壓制，下有各地區域品牌的蠶食，在這樣惡劣的環境下，農夫山泉利用人們一直以來對純淨水是否有益於身體健康的擔心，提出了「天然健康」的概念，通過一系列外在表現手段，鍛造出「天然水」概念，大肆宣傳「千島湖水下80米的天然水」，正是由於實施了差異化策略，進行了品牌再定位，使得農夫山泉在短時間內就崛起成為國內瓶裝水市場的三強之一。

5.不斷創新，鍛造企業活力

創新是企業品牌的靈魂，是企業活力之源，只有不斷創新，才能讓企業品牌具有無窮的生命力和永不枯竭的內在動力，發展和壯大企業品牌。

創新是一個系統工程，包括許多方面的內容，主要有觀念創新、技術創新、品質創新、管理創新、服務創新、市場創新、組織創新、制度創新等。

4

品牌的自我保護

品牌經營者努力營造高知名度品牌，然而品牌的知名度越高，假冒者就越多，技術失竊的可能性也就越大，品牌搏殺競爭，品牌之間互相鬥擊、兩敗俱傷的現象也就越普遍，因此品牌經營者爲使品牌健康成長，必須注意進行自我保護。

1.讓消費者識別品牌

現如今，各種假品牌如雨後春筍般地迅速成長起來，已對各企業品牌造成極大的打擊，企業品牌經營者們不能完全指望政府提供保護，也不能靜觀消費者覺悟，而應該主動出擊，做好防範工作，全力保護自身品牌。

⑴積極開發和應用專業防僞技術

有些品牌和包裝的技術含量低，使制假者輕易僞冒，這是有些品牌的假冒僞劣產品屢禁不止的一個重要原因，所以必須採用高技術含量的防僞技術從而有效保護企業品牌。

防僞技術可以從不同角度進行分類。一是從功能上分爲保真防僞和辨假防僞，也就是人們通常所說的積極防僞和消極防僞；二是從應用領域分類，分爲產品防僞、標識防僞、信息防僞；三是防僞技術使用與辨識的範圍可分爲公眾防僞(明防)、專業防僞(暗防)、特殊防僞三種。

防僞技術的主要類型：一是物理學防僞技術，也就是應用物理學中結構、光、熱、電、磁、聲以及電腦輔助識別系統建立的防僞技術。二是化學防僞技術，即在防僞標識中加入在一定條件下可引起化學反應的物質。三是生物學防僞技術，是指利用生物本身固有的特異性、標誌性爲防僞的措施。四是多學科防僞技術，也就是說兩種或兩種以上學科方法的綜合利用以防僞。五是商標防僞的綜合防僞技術。

・企業自己獨立開發和應用防僞技術。

・企業與專門防僞技術部門合作開發和應用防僞技術。

・企業直接向防僞專業部門訂購已開發出的防僞技術產品。

不論那種防僞方法，只要行之有效均可採用，或者結合採用。採用現代高科技含量的防僞技術是有效保護品牌的重要手段，這要求企業品牌經營者們能夠有清晰的認識、保持高度的警惕，綜合運用多種高科技尖端技術，使一般人難以仿製。如娃哈哈純淨水就採用了電子印碼、鐳射防僞、圖案暗紋等多種防僞技術，事實上，世界上幾乎所有的知名品牌都採用了各種防僞標誌。

不斷加強對防僞技術應用情況的監督和管理，使之真正成爲防止假冒、保護名優產品的有力武器。同時企業還應積極打假，把防僞與打假結合起來。

⑵運用法律武器參與打擊

假冒僞劣作爲一種社會公害可能會長期存在。不可能你一談打假，假貨者就會退出市場，要知道打擊假冒僞劣絕對是一場長期的、持久的戰鬥，企業經營者們更要有長期作戰的思想準備。

此外還可以向消費者普及品牌的商品知識，以便讓消費者瞭解正宗品牌的產品；以及與消費者結成聯盟，協助有關部門打假，從而組成強大的社會監督和防護體系。

2.控制品牌機密

經濟情報已成爲商業間諜獵取的主要目標，現實要求品牌經營者必須樹立信息觀念、高度警惕，保護自己品牌的秘密。

當今社會，各種間諜技術高超，信息手段發達，造成品牌秘密很難保住，稍不留神，就會給品牌造成不可估量的損失。

經調查顯示：在世界上，每一項新技術新發明領域中，有40%左右的內容是通過各種情報手段獲得的，而許多經濟間諜正是打著參觀的幌子來盜取情報，所以，品牌經營者有必要謝絕技術性參觀和考察。

對於無法謝絕的參觀，各企業通常需要採用專人陪同，進行監視，防止技術秘密外洩。一次，一批日本客人到法國一家著名的照相器材廠參觀，在觀看一種新的顯影溶液時，一位客人俯身靠近盛溶液的器皿。精明的陪同人員發現，這個日本人的長領帶已沾到了溶液，馬上向一位服務員吩咐了一番，當那個日本人走出實驗室門口時，服務員走到他跟前說：「先生，您的領帶髒了，請換條新的。」隨後遞上一條嶄新的領帶，保住了新型顯影的配方。

正所謂「明槍易躲，暗箭難防」，品牌的失密常常是自家人所爲。家賊又可分爲兩種：一種是競爭對手派來臥底的，另一種則是原來是本企業的技術人員，爲了更高待遇而跳到競爭對手那去。針對這兩種情況，必須嚴格限制接觸品牌秘密的人員範圍。

5

網路功能變數名稱的保護策略

國際經濟貿易仲裁委員會(CIETAC)域名爭議解決中心曾收到一起來自國際品牌——德國寶馬(BMW)的 CN 域名爭議投折。作爲汽車業享有盛譽的頂級品牌，寶馬儼然是一種地位和身份的象徵，有著不容侵犯的尊嚴。然而不久前，德國寶馬在進行 CN 域名註冊時，卻發現「寶馬」的 CN 域名已被人搶先註冊。

在國際上，由於域名註冊均採取的是「先註冊先擁有」原則，因此在「寶馬」CN 域名爭議沒有得到法律、規則的明確裁定的情況下，德國寶馬公司勢必將暫時失去對這個域名的合理擁有及使用權。

世界各國的網路侵權行爲都十分嚴重。全球範圍內對商標的各種形式的假冒，每年造成的經濟損失超過 2500 億至 3000 億美元。而各個國家也都在加緊完善現有的法律法規，以打擊這種網上不法行爲。目前網路商標的侵權行爲表現在以下三個方面：

1.網上域名的商標侵權行為

在網路世界裏，人們往往只查關鍵詞，如果在所使用的域名中，使用了他人的馳名商標或其他註冊商標包含的單詞或字母等，而這種使用未徵得其所有權人的同意，通常也會構成商標侵權行爲。

2.惡意搶註他人註冊商標名稱作為自己的域名

由於企業市場競爭意識淡薄，對電子商務、Internet 等新生事物還比較陌生，域名意識更爲薄弱，使得許多知名商標、字号、商品名稱被他人搶先註冊，失去了很好的發展機遇。例如，早在 1996 年，有大量商標在國際上被海外公司搶先註冊了域名，而且一家香港公司在美國將青島啤酒等一大批知名商標在 Com 之下註冊爲域名，並一再向被註冊的企業發售，表示願意以不菲的價格將域名賣給他們。

3.在 Internet 頁上隨意使用他人的知名商標、字号、商品(服務)名稱

除了網路域名被搶註侵權之外，商品商標被搶註侵權之事，仍是屢見不鮮，「強力」集團公司的「飲料」在北京市場很受歡迎，但該公司遲遲未將「強力」商標註冊，後被某省一家小廠註冊在先，強力公司不得不花 35 萬元將「強力」商標從原註冊人手中再買過來，一個原來只需花 300 元就可註冊到手的商標，卻付出了一千多倍的代價。冠生園食品總廠生產的名牌糖「米老鼠」，年產幾千噸仍供不應求。可是「米老鼠」奶糖不僅未註冊圖案商標，連名稱都沒有經過商標註冊。等到企業提出申請時，爲時已晚，已被某企業搶先註冊，不久又轉給美國迪士尼公司。冠生園食品總廠，只能忍痛割愛，停止使用。

事實上，要防止這種域名搶註行爲是很容易的。因爲域名註冊的註冊程序其實很簡單。商標的註冊需要申請者提供一系列的申請文件，如商標的圖案、商標所用商品的種類等。域名註冊則對申請者的經營範圍和內容均不作要求，無須申請者指定商品的種類。

對於商標，每一個國家有權根據本國法律來核准註冊，而不管該商標是否已在外國註冊，除非該國與外國簽訂了有關商標註冊優先權的協議。但對於域名，由於 Internet 是世界性的，一旦申請註冊的域名與別人申請的一致，申請在後的將不被批准。

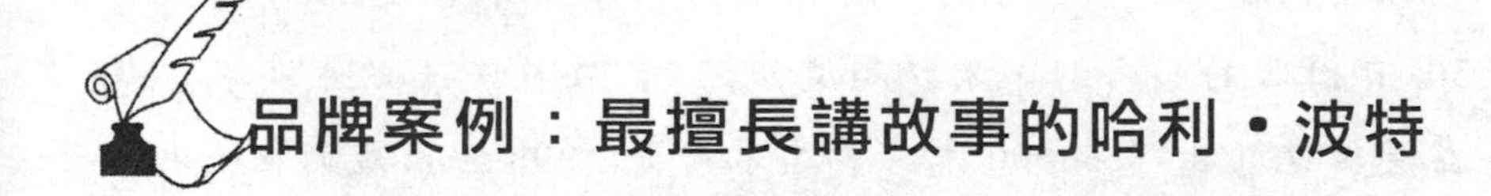

品牌案例：最擅長講故事的哈利•波特

哈利·波特(Harry Potter)也是品牌嗎？答案是肯定的。

因為它具有品牌的一切特徵。它已經從一個單純的出版物轉變成一個品牌，延伸到了電影、食品、服裝等領域。這裏並不是要向它學習拓展產品的想像力，因為我們不缺乏這種想像力。我們要向它學習講故事的方法，這裏的故事並不是指書中那些魔幻的情節，而是向它學習怎樣讓消費者保持對自己品牌的好奇心和關注度。

一個善於「講故事」的品牌應該具有的第一個基本特徵，就是有一個非常容易被識別和記憶的產品特徵，這個特徵必須和目標消費者的需求緊密相關。在哈利·波特系列中，哈利·波特這個命運曲折離奇的主人公就是一個最具代表性的特徵。從他身上，就有機會開發出很大的商業價值，因為他能把青少年們帶回到充滿想像力和正義感的童年時代。正是通過一系列產品不斷發揚和深化哈利·波特這個特徵，才使得這個品牌一直被消費者所關注。

同樣道理，任天堂的遊戲機、Sony 的 Play station2 都具備強大和靈活的產品功能特徵，而且也能滿足年輕消費者釋放壓力、刺激神經等多種精神層面的需求，所以也有機會成為年輕人趨之若鶩的品牌。善於「講故事」的品牌具有的第二個特徵，是能夠不斷推出新品，並且融會兩種以上的溝通方式或者合作夥伴共同協作推廣。哈利·波特系列的第一本書是 1997 年 6 月 30 日出版的《哈利·波特和魔法石》，在接下去的半年裏，僅在英國就售出了 30000 本。第二本書是 1998 年出版的《哈利·波特與密室》，很快通過口碑效應成為英國圖書暢銷榜的榜首書籍。在接下去的兩年裏，又有兩本書相繼出版。2001 年 11 月，華納兄弟公司出品了電影《哈利·波特和魔法石》。從那時起，這個品牌的發展就再也停不下來了。電影成功地幫助該書的推廣，新書的不斷發行也推動了電影的熱映。這種協作的方式並非是異類。其實迪士尼玩具和麥當勞的結合也在多年來形成了一段佳話。接下來，要想講好故事，就要學會利用新聞性，而不僅僅是用廣告進行推廣。哈利·波特的興起並不是一帆風順的，它伴隨著很多負面或者中性的新聞。一位美國作家甚至宣稱哈利·波特的作者是抄襲一本1984年出版的書，那本書裏有個角色的名稱叫拉裏·波特。接著，有些人經常舉行活動來抗議哈利·波特把孩子們教壞。比如1999年10月，美國的一些家長就舉辦集會譴責作者描繪了隱身怪這樣的角色。兩年後，在新墨西哥還發生過焚燒書籍事件，因為他們把哈利·波特當成了魔鬼的化身。一個牧師在《哈利·波特和密室》這本書出版的當天，把幾百本書當眾粉碎。一位小學教師也組織了反波特論壇，警告大家不要把書中的內容讀給小孩子聽，因為其中有很多內容是超現實的。

那麼這些事情有沒有使得哈利·波特品牌系列一蹶不振呢？一點也沒有。事實上，這些事可能反過來幫助了哈利·波特，因為所有的這些事件都在幫助它創造口碑，激發消費者的好奇心。在報紙上層出不窮的事件也為哈利·波特增強了新聞性。

偉大的品牌往往擁有偉大的故事。哈利·波特受到歡迎，不僅僅是因爲它的書裏有精彩的故事，更是因爲這個品牌自身的推廣就是一個精彩的故事。

第十二步

品牌的危機管理

1

品牌危機管理概要

(一)引發品牌危機的原因

對於品牌危機管理，目前並沒有一個準確的定義。大部份學者在探討品牌危機管理時，偏向於將品牌危機管理放在危機公關的範疇中進行討論。

有學者認爲，危機公關指的是「由於企業的管理不善、同行競爭甚至遭遇惡意破壞或者是外界特殊事件的影響，而給企業或品牌帶來危機，企業針對危機所採取的一系列自救行動，包括消除影響、恢復形象，就是危機公關。」

什麼是品牌危機呢？品牌危機是指「由於組織內、外部突發原因造成的始料不及的對品牌形象的損害和品牌價值的降低，以及由此導致的使組織陷入困難和危險的狀態」。

引發品牌危機的原因很多。辯證法告訴我們，內因是事物發展的根據，它是第一位的，它決定著事物發展的基本趨向；外因是事物發展的外部條件，它是第二位的，它對事物的發展起著加速或延緩的作用；外因必須通過內因而起作用。引發品牌危機的原因主要有內部原因和外部原因。

1.內部原因

品牌出現危機，主要原因在於品牌本身出現了問題。比如產品品質問題、服務問題、經營管理問題等等，這些是引發品牌危機的根本原因。如果品牌在建設過程中，能夠管理好品牌資產，在公眾心目中建立起較高的知名度和美譽度，即使遇到危機，也能夠化險爲夷，如強生泰諾投毒危機。

1982 年 9 月 29 日和 30 日，在美國芝加哥地區發生了有人因服用含氰化物的「泰萊諾爾」藥片而中毒死亡的事故。面對突發性的事故，強生公司對 800 片藥劑重新檢驗，通過媒體向全國公佈事實真相，並在中毒事件發生後很短時間內收回了全部泰萊諾爾藥片，花費 50 萬美元向可能與此有關的對象及時發出消息。對新投入市場的這種藥採取了高效抗污染包裝。事故發生 5 個月後，泰萊諾爾奪回了原來市場的 70%。強生的品牌價值並沒有受到太大的打擊，相反，很多消費者對於強生在這次危機中所表現出來的積極誠實的態度給予了極高的評價。

強生公司泰諾投毒危機能夠成功化解，得益於強生一直以來在品牌建設方面尤其是危機的防範方面所作的充分準備。作爲一家有百年歷史，位居《財富》500 強的企業，強生一直致力於品牌的建設和完善。這使得他們在面臨危機的時候，能夠表現得更加從容不迫。

品牌出現危機的內部原因主要有以下幾種：

(1)**產品品質問題引發品牌危機**

產品是品牌的實物體現，產品品質的好壞直接影響消費者對品牌的認知。產品的品質出現問題，會降低消費者對品牌的好感，更有甚者，會危害消費者的生命。由產品品質問題引發的危機是最常見的一種品牌危機形式。如三株口服液中毒事件、南京冠生園的陳餡事件、光明回爐奶風波等等。這些事件都是由產品的品質問題引發的，對品牌造成了相當大的損害。

產品品質問題不僅會出現在一些小品牌中，也會出現在一些信譽良好的大品牌甚至國際品牌中。

2005 年 3 月，上海市在對肯德基多家餐廳進行抽查時，在新奧爾良烤翅以及新奧爾良雞腿堡調料中發現了「蘇丹紅一號」成分，蘇丹紅已經被確認爲致癌物。肯德基隨即向社會公開發表聲明並「道歉」，明確承諾重新生產不含「蘇丹紅」成分的調料，並確保這類事件不再發生。但肯德基在聲明中，有意無意地隱瞞了香辣雞翅、雞米花等 3 種產品也是「涉紅食品」。就在肯德基發表該聲明的第二天，有關部門在北京對肯德基原料進行了檢查，並且查出了上述 3 種食品也含有蘇丹紅成分。

隨後的事態急轉直下，相當部份的消費者要求索賠，各大媒體紛紛口誅筆伐，平日生意火爆的肯德基就餐人數銳減，時至今日，肯德基依然不得不採取打折、優惠券等多種形式推廣烤翅和香辣雞翅。

除此以外，雀巢的 3+1 奶粉碘超標事件、立頓紅茶氟化物事件等，都是跨國大品牌遭遇的產品品質危機。

⑵**企業內部管理問題引發品牌危機**

對企業進行井然有序的管理是企業良性發展的必要前提，也是品牌資產不斷發展壯大的先決條件。經過統計發現，目前相當大部份的品牌危機是由企業內部管理出現的問題引發的。

⑶**企業品牌傳播問題引發品牌危機**

要將品牌要素轉化爲品牌資產，將品牌定位在消費者心目當中，我們必須要倚賴品牌的傳播推廣。

而企業在品牌傳播過程中，由於文化的差異、代理公司的失誤以及企業的短視等種種原因，很有可能出現溝通不暢，從而引發危機。

由於企業廣告宣傳的失實或誇大而引發消費者和媒體質疑的案例就有很多。

2004 年 3 月，經品質監督檢驗檢疫總局調查，寶潔公司推出的佳潔士深層潔白牙貼外包裝盒上粘貼的中文說明與被覆蓋的英文說明嚴重不符。中文說明上聲稱佳潔士潔白牙貼「7 天明顯亮白牙齒，使用一盒效果可持續 12 個月」，而被覆蓋的英文說明上卻聲稱「14 天可明顯亮白牙齒，效果可持續至少 6 個月」。上述產品是由美國寶潔公司生產的，分別於 2001 年和 2003 年向國家申請辦理了含量爲 56 片和 28 片的中文標籤審核並獲得了批准證書。但進口商在進口時將美國原裝的 56 片產品進口後拆裝成 28 片，並將已獲得批准的 28 片產品的中文標籤加貼在 56 片產品的包裝上在市場銷售，違反了中文標籤管理的有關規定，同時又誤導了消費者。

這件事情曝光以後，引起了廣大消費者對於寶潔的不滿，也破壞了寶潔一直企圖樹立的國際品牌形象。

2.外部原因

企業處在市場中，不可避免會與公眾以及各種社會組織、團體打交道，與他們的關係處理不當，極有可能引發危機。

奧美廣告公司是以「品牌管家」著稱的，他們主張在品牌傳播的過程當中，除了面對消費者，也要面對與品牌密切相關的各個利益團體。比如：政府、媒體、競爭對手等等。

下面就從與社會相關利益團體的關係入手，來探討引發品牌危機的一些外部原因：

⑴媒體的歪曲報導引發品牌危機

很多遭遇過危機的企業老總在接受訪問時都曾經提到，企業遭遇挫折的時候，最害怕的是媒體進行錯誤的引導。

輿論的力量是十分強大的，尤其在這個過分依賴媒體的信息社會。當一個企業遭遇危機的時候，媒體不準確的跟風報導，很有可能引導對企業不利的輿論導向，從而引起公眾的不滿和責難。

⑵競爭對手的不正當競爭引發品牌危機

品牌在市場上總是處於一定的地位，主要有以下 4 種：市場領導品牌、市場追隨品牌、市場挑戰品牌和市場補缺品牌。處於不同地位的品牌爲了爭取更大的優勢會採取各種競爭手段。有的是法律允許的，有的是不正當競爭。俗話說「明槍易躲，暗箭難防」。競爭對手的惡意攻擊和不正當競爭，往往會給企業帶來巨大的傷害，從而損傷品牌。

⑶宏觀環境的變化引發品牌危機

宏觀環境主要包括 3 方面：一是宏觀政治環境，二是宏觀經濟環境，三是外界自然環境。

①宏觀政治環境變化引發品牌危機

一個國家的政治法律環境在很大程度上影響著品牌的生存和發展，新的政策法規的出臺就有可能決定一個品牌的生死存亡。

例如，美國人布盧姆生產一種小玩具熊，名叫「米沙」，作爲 1980 年莫斯科奧運會吉祥物，一開始銷量非常好。但是沒有想到，由於前蘇聯拒絕從阿富汗撤軍，美國總統宣佈不參加莫斯科奧運會，這下「米沙」的銷量岌岌可危，「米沙」也不再被人們追逐喜愛，這個品牌被徹底摧毀。

②宏觀經濟環境變化引發品牌危機

經濟環境的變化對於一個企業的影響尤其巨大。例如，亞洲金融危機，使得很多企業和品牌遭受致命打擊。

③外界自然環境變化引發品牌危機

這裏的自然環境是一個大的概念，包括了各種不可抗的非人爲因素帶來的外在環境的變化，例如自然災害。自然因素是組織不能控制的因素，一旦自然災害發生，可能使企業在一夜之間陷入危機。

(二)品牌危機的特徵

企業的品牌危機與其他形態的危機一樣，會表現出比較相似的特徵。這些特徵可以輔助我們分析企業品牌管理中出現的不正常情況，從而判斷品牌危機是否到來。

一般來說，品牌危機有以下特徵：

1.破壞性

嚴重的破壞性是品牌危機最主要的特徵。一次品牌危機可能使一個知名品牌一夜之間臭名昭著，使企業在數十年甚至數百年積累起來的品牌資產化爲烏有，使一個曾經叱吒風雲的品牌在市場上銷聲匿跡。

2.突發性

品牌危機的爆發通常是在企業意想不到、完全沒有準備的情況下發生的。這種集中的突然爆發具有更大的破壞性和殺傷力。雖然很多品牌危機都經歷了一個從量變到質變的過程，但是這種潛伏期很多企業都沒有辦法預見。品牌危機爆發的時候往往讓大多數企業措手不及。

3.輿論關注性

好事不出門，壞事傳千里。在資訊發達的現代社會，品牌出現的任何一點錯誤都會被無限放大並且迅速擴散。在傳播學裏，有一個重要的理論──「議程設置」理論。媒體在傳播信息的過程當中，會根據自己的判斷對信息的重要程度進行設置，從而導致某些信息曝光次數多，並被放在重要的版面或者時段。這種議程設置也影響著受眾和其他媒體對目前信息重要程度的判斷。在某段時間內，有些新聞大小媒體紛紛報導轉載，從而成爲輿論焦點。媒體對於知名品牌出現的危機事件往往非常關注。媒體的過分關注必然引導公眾，從而使品牌承受更大的壓力。

4.持久性

品牌出現危機以後，危機所造成的惡劣影響不能在短時期內迅速消失。公眾會在很長時間內對品牌所發生的危機記憶猶新。

2
品牌危機的防範

品牌危機防範，是品牌危機管理的首要任務。企業應該在品牌出現危機之前，就做好充分的準備，只有未雨綢繆、防患於未然才能使企業在面臨危機的時候不會手忙腳亂。

品牌危機的防範主要包括以下幾個方面的內容。

1.建立一套完善的危機預警系統

「凡事預則立，不預則廢。」在企業內部可以採取多種方式建立危機預警系統。

⑴組建一個由高層領導牽頭的品牌危機管理小組

小組的成員可以由以下成員組成：高層領導負責人、市場部負責人、公關部負責人、行政部負責人以及一些輔助這些負責人具體開展工作的員工。對這些人員要進行準確的分工，各司其職，各盡其責。另外，還要確定專門的企業發言人，負責與媒體以及政府部門進行溝通協調。

在國外，很多跨國大公司內部都設立了首席風險官，專門負責處理企業可能出現的各種危機。

也有部份企業採取了品牌經理制度，將品牌的危機管理歸由這些品牌經理來管理。這種方式有利有弊。因爲品牌經理通常負責日復一日的戰術層面的活動，這使得品牌經理們在面對危機時很難從企業發展戰略高度去考慮問題。所以，危機管理小組最好是由具備更高職位、承擔更多責任的高層領導負責，而品牌經理則作爲執行者，起到時時監控的作用。

⑵建立高度靈敏的、準確的信息檢測系統

由專人負責，專門收集同行業或者跨行業其他品牌曾經出現過的危機及其化解危機的方式。對這些資料進行分門別類的整理。從這些危機事件中吸取教訓，幫助企業全方位預測可能發生的各種危機狀況，找到解決危機的方法，並制定相應的對策方案。例如，某企業在收購一家大型上市企業時，因爲種種原因未能如願。收購的失敗會直接導致媒體對該企業實力的質疑。面對這種情況，該企業早有準備，他們在收購前期，公關部門就對收購上市的許多案例進行了分析，給企業提供了可供參考的經驗。因此該企業能夠順利引導媒體將報導重點放在企業的社會責任感上，從而成功化解了一場有可能發生的重大危機。

⑶建立品牌的自我診斷制度，時刻對內外環境進行審視和監督

對內部的自查主要內容包括：企業領導層做出的有可能損傷品牌的錯誤決策；企業的生產狀況和品質問題；企業的管理層和員工可能出現的溝通問題；企業內部的人事問題；企業的品牌傳播中可能出現的問題。

對外部環境的審視主要內容包括：媒體可能出現的對本企業和品牌的不利的或者失實的報導；競爭對手的惡意攻擊或者不正當競爭可能對本品牌造成的損害；國家和地方制訂和修改的有可能影響到本品牌生存和發展政策法規；宏觀經濟形勢可能對品牌造成的傷害；對品牌產生影響的各種不可抗因素，例如自然災害等。

一些新的科技手段例如網路論壇、電子郵件以及短信等在危機事件中扮演了越來越重要的角色。許多重大危機都是通過網路傳播擴散的，等到企業發現時，可能已經對品牌造成了傷害。因此，企業應該保持高度的警惕，建立一套資訊收集和網路檢測機制。一旦發現在網路論壇或者電子郵件上散佈企業謠言，可以立即根據其影響進行必要的處理。

總而言之，企業要時時刻刻從各種層面、各種角度對可能影響到品牌的因素進行剖析和評價，及時採取必要措施進行糾正，從根本上消除各種可能引發危機的誘因。

⑷與外界建立良好的關係

單純依靠企業自身的力量來建立危機預警系統是遠遠不夠的。俗話說，「當局者迷，旁觀者清」。企業有必要邀請一些專門的公關公司、諮詢公司或者是廣告公司，委託它們與自己一起對品牌進行時時監控。這些專業公關公司、諮詢公司以及廣告公司有著豐富的品牌危機管理的經驗，有它們的協助，品牌危機的管理工作往往能夠事半功倍。事實上，目前有很多企業是將危機公關的工作委託給專業的公關公司打理的，它們能有效彌補企業品牌危機管理的短視和經驗不足。

企業與媒介建立良好的關係也非常重要。很多企業在面臨危機的時候採取以報紙廣告版面換取媒體的不報導甚至是正面報導。這種做法是不可取的，它違背了新聞自由的原則，也傷害了媒體輿論監督的神聖職責。但是，與媒體處好關係是十分必要的。企業應該與媒體多作溝通、多結善緣。企業發生危機都不是偶然的，有些品牌危機之所以到不可收拾的地步，完全因爲企業對於危機的苗頭預測性不足，最後導致危機不可控制。事實上，很多企業與媒體的關係好，與一些媒體記者很好地溝通能夠使企業具備良好的洞察力，有任何風吹草動，都能夠及時掌握，將可能發生的危機扼殺在萌芽狀態。

此外，與政府部門的良好關係也可以幫助企業化解可能出現的危機。很多跨國企業公關的主要內容就是政府公關，很多跨國公司的 CEO 訪華都安排了政府官員進行會面。這些活動都是爲了拉近企業與政府部門之間的關係。品牌危機管理也是一樣的道理。事實證明，與政府關係好的企業發生危機的幾率要遠遠低於與政府關係不好的企業。

⑸制定品牌危機公關計劃

在前期收集總結資料的基礎上，建立一套品牌危機管理的行動綱領。

①根據對危機公關資料的總結，將可能出現的危機狀況分門別類，根據不同危機情況制定相應的公關計劃。

②制定危機傳播計劃，這是危機公關計劃的最重要的部份。主要內容包括：重要的媒介的名單以及聯繫方式、政府相關部門的名單和聯繫方式、有關權威機構和重要社會團體的聯繫方式、新聞發佈會計劃和流程；確定新聞發言人及其講話的要點和注意的問題、人員分工以及後勤保障計劃。

2.牢固樹立員工的品牌危機意識

品牌危機的防範除了需要建設一套品牌危機的檢測、跟蹤和預警系統之外，最重要的是要將品牌危機的防範意識灌輸到員工的日常工作中，在企業的日常運營管理過程中，要時刻保持警惕。

培養員工的危機意識，最重要的手段是開展員工危機管理的教育和培訓，增強員工處理危機的技能，使其在面臨危機時，能夠有良好的心理素質和迅速的應變能力。

開展危機管理培訓可以採取以下一些方法：

①案例學習和討論。定期組織一些經驗豐富的人員對員工進行案例培訓，可以讓員工對這些案例進行學習和討論，從中總結經驗和教訓。

②聘請一些有豐富經驗的行業顧問或者是危機公關專家定期進行一些案例介紹，傳授一些危機處理的方法和技巧。

③模擬危機情景進行實戰演習。借鑑情景模擬教學方法，以遊戲的形勢類比危機情景，進行動態教學。

3

品牌危機的處理

(一)品牌危機處理的四個階段

1.成立品牌危機管理小組

在品牌出現重大危機的時候，企業所要做的第一件事情是成立品牌危機管理小組，有必要時可以根據情況聘請社會專業公關資源作顧問進行協助。然後進一步確定小組成員的職責，並根據需要進行調整。一般來說，危機處理小組應該包括以下幾個部份：危機調查中心、事故處理中心、外界聯絡中心和對外發佈中心。危機處理小組應該統一對內對外的傳播口徑。

品牌危機小組成立以後，第一步是尋找危機的源頭，厘清問題的關鍵所在。

在追根溯源之後，企業需要進一步瞭解各方面的態度，例如企業內部員工、股東、經銷商、供應商的態度，以及消費者、媒體、政府以及一些權威機構的態度。然後確定目前的危機級別。在企業內部也可以將危機定級，針對不同的危機宣佈企業進入某一危急狀態，根據危機的輕重緩急確定相應的對策。

2.做好處理危機的相關準備

第一，危機小組應該統一對內對外傳播口徑，選擇適合的新聞發言人，用專業的人講專業的話。採取穩定公眾情緒的一些相應措施，並協助相關部門，如消費者協會等做好當事人的補償和產品的召回等工作。

第二，做好危機管理傳播的準備。比如，確定信息傳播的媒介名稱、聯繫方式、位址以及聯繫電話等；準備與企業相關的背景材料；建立新聞辦公室，作爲新聞發佈會和媒介索取最新資料的場所，並開通公眾諮詢電話，確保 24 小時開通；準備應急新聞稿件，準備隨時發出；做好新聞發佈會前的各項工作。

3.實施危機公關

危機公關的實施是一個系統的工程，需要企業作出迅速及時的反應，考慮一定要週全。

⑴對企業內部員工，應該開誠佈公，及時告知企業的實際情況，以免人心惶惶，造成不必要的損失。

2000 年底，中美史克的著名感冒藥「康泰克」由於內含禁用藥物 PPA 而被勒令停產。爲了挽救不利的局面，中美史克專門組織了應對危機的管理小組，展開了卓有成效的危機公關。此次危機公關能夠順利度過，與康泰克的內部公關密不可分。公司在發佈危機公關綱領的第二天召開了全體員工大會，總經理向全體員工通報了事情的來龍去脈，並發佈了《給全體員工的一封信》，同時承諾公司決不裁員，最後大會在全體員工高唱《團結就是力量》中結束。這些舉措極大穩定了人心，使得康泰克在對外公關的時候無後顧之憂。

⑵對待企業的股東，例如一些大的基金公司或者財團，應該說服他們和企業站在一條戰線上，並且以優厚的分紅繼續保

持他們對企業的持股和重倉。

⑶對待經銷商，應該安排公司所轄的區域經理召開經銷商說明會，對企業的情況進行詳細的說明，贏得他們的支援和信任，避免經銷商退貨。

說明會具體內容包括闡明事實真相，對於非產品品質問題可以通過權威新聞報導、行業權威專家或者是有關技術部門出具產品合格的相關證明，讓經銷商放心。對於確是產品的品質出現了問題應該誠懇地向經銷商道歉，將問題以及解決問題的保證實實在在呈現在經銷商面前，並確保以後產品品質不再發生類似的情況。對於經銷商在危機中的損失表示歉意，並且爲了減免經銷商的損失，給予一定的補償，並採取多種措施對經銷商優惠。

⑷對待媒體，最關鍵的是溝通。平時，就要與媒體建立良好的關係。在危急時刻，一定要爭取媒體的支持。在危機爆發初期，就要將企業所知道的具體情況向媒體發佈，在危機處理的過程當中，要不斷與媒體溝通，將企業的處理措施以及事態的發展狀況向媒體通報，讓媒體有知情權，「無可奉告」是最愚蠢的處理方式。

公關專家帕金森曾經說過，危機傳播失誤所造成的真空，會很快被顛倒黑白、胡說八道的流言所佔據。只有不斷與媒體溝通才能有效解決這個問題。肯德基在與媒體的溝通方面就非常專業。2005 年底，禽流感鬧得人心惶惶，肯德基受到的影響最大。當記者採訪百勝集團總部的時候，百勝餐飲集團公共事務部總監非常誠懇專業地回答記者的問題。在接到記者的採訪提綱半小時以後，就與記者取得聯繫，併發過去了《肯德基有關禽流感問題的媒體 Q&A》等 3 份相關文件，展現了肯德基在應對媒體的危機提問時，所展示的規範化、程序化的管理方式，值得其他企業借鑑。

(5)對待公眾，最主要的溝通方式是媒體，因爲媒體是消費者瞭解企業危機處理情況的主要管道。除此以外，企業也要設立專人專線，對消費者的問題進行細緻耐心統一的回答。在處理公眾問題的時候，一定要做到坦誠相待。總結面對公眾的「4S」策略：

Sorry：誠懇向當事人道歉。

Shutup：務必閉嘴，多傾聽公眾的意見，確保企業能夠把握公眾的情緒。

Show：重視與消費者的溝通，儘量將自己知道的展示給公眾，不要試圖愚弄公眾。

Satisfy：使消費者滿意，企業應該勇於承擔責任，妥善處理，贏得公眾的信賴和理解。

(6)對待政府以及相關部門，企業應該借助他們的力量來展示企業擺脫危機的能力與誠意。危機小組的對外聯絡中心應該將企業危機的進展情況準確及時地向政府以及相關部門彙報。

2002 年，一篇題爲《莫忽視微波爐的危害》的小文章(大意是長時間呆在微波爐旁會引起心跳變慢，影響睡眠和記憶力。此外，微波爐會破壞食物的營養成分。)就像一場瘟疫一樣，從 4 月份開始蔓延，到 6 月份氾濫全國，導致整個微波爐行業的銷量隨之較上年同期下滑 40%。

當「微波爐有害論」災難到來的時候，身爲全球微波爐產銷規模最大企業的格蘭仕，自然首當其衝。

面對危機，格蘭仕沉著應對，它邀請國家工商行政管理局、國家品質技術監督局、家電協會、消協、名牌推進委員會、預防醫學會、營養學會等近 10 個國家權威機構的領導和專家，召開了一次有關「正確引導消費、規範競爭環境」的研討會。與會專家用科學的理據反駁了「微波爐有害論」，揭露了不正當競爭的危害。

格蘭仕站在一個行業的高度發出了呼籲──「不正當競爭正在摧毀一個行業，規範競爭環境勢在必行」，從而贏得了政府部門的關注。

通過這場研討會，格蘭仕呈現給人們的是勇於爲行業承擔責任、對消費者負責的企業精神。通過來自政府部門、行業協會的「輿論領袖」，不但封殺了謠言，也傳播了企業自身誠實守信的領導者形象。

4.危機後的善後工作

在危機的特徵裏面我們瞭解到，危機有極大的破壞性，危機過去之後，留下來的是企業銷售額的下降、賠償的支付、人才的流失，最重要的是企業形象以及聲譽的損害。所以，在危機的事態得到控制以後，應該立即開始對企業品牌形象進行恢復，重新取得公眾的信任。

主要可以開展以下工作：繼續關注危機的受害人以及親屬，重新開始廣告宣傳。加大在公益活動方面的投入。

(二)品牌危機處理需要注意的問題

1.反應一定要快

危機的發生都是突發性的，如處理不當，就會很快傳播到社會上去，引起新聞媒體和公眾的關注，產生不良影響。因此，當危機發生時，要爭取在最短的時間裏使危機得到遏制，並在最短的時間裏解決危機，從而使衝擊降到最小。

2.態度一定要誠懇

很多企業主都說：「小勝靠智，大勝靠德」。在企業品牌出現危機以後，公眾與企業之間的信任缺失。消費者會以負面審慎的態度去對待企業的一舉一動。這時，企業應該採取什麼樣的態度來對待公眾呢？有人認爲應該採取強硬的態度，也有人覺得企業應該坦誠。事實證明，只有採取誠懇的態度才是明智之舉。世上沒有不透風的牆，刻意的掩飾只會讓企業在行藏敗露時讓消費者厭惡感加劇，消費者對企業的信任完全喪失，對品牌的聲譽和影響力是很大的打擊。企業此時在處理問題時必須注意自己的方法和技巧。

3.信息一定要真實

通常情況下，任何危機的發生都會使公眾產生種種猜測和懷疑，有時新聞媒體也會有誇大事實的報導。危機單位要想取得公眾和新聞媒體的信任，必須採取真誠、坦率的態度，信息必須真實準確。有的企業在品牌出現問題時，刻意隱瞞甚至欺騙消費者。群眾的眼睛是雪亮的。不講真話，消費者會通過別的管道瞭解企業。這個管道最容易滋生對企業不利的謠言。與其通過小道消息傳播對企業不利的傳聞，不如一開始就由企業站出來講真話。

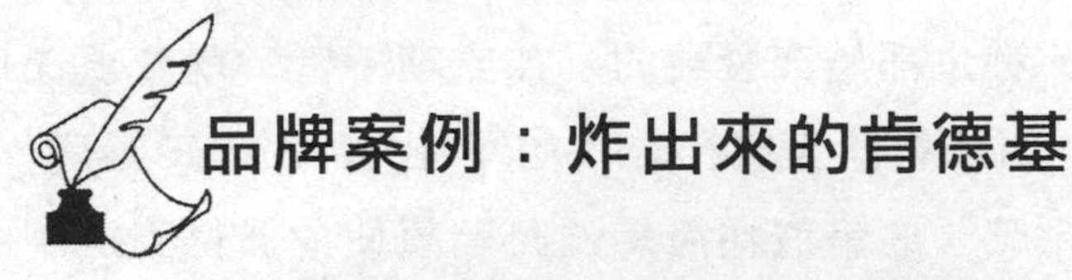

品牌案例：炸出來的肯德基

肯德基目前已成為世界上最大的炸雞速食連鎖企業，肯德基的標記 KFC，也已成為有口皆碑的著名品牌。

在世界的各個角落，我們都會常常看到一個老人慈祥的笑臉，花白的鬍鬚，白色的西裝，黑色的眼睛，永遠都是這個打扮。這個笑容，恐怕是世界上最著名、最昂貴的笑容了，因為這個和藹可親的老人就是著名速食連鎖店「肯德基」的招牌和標誌——哈蘭·山德士上校，他也是這個著名品牌的創造者，今天我們在肯德基吃的炸雞，就是山德士發明的。

1890 年 9 月 9 日，哈蘭·山德士出生於美國印地安納州亨利維爾附近的一個農莊。40 歲的時候，山德士來到肯塔基州，開了一家可賓加油站。因為來往加油的客人很多，看到這些長途跋涉的人饑腸轆轆的樣子，山德士有了一個念頭，為什麼我不順便做點方便食品，來滿足這些人的要求呢？況且自己的手藝本來就不錯，妻子和孩子也時常稱讚。想到就做，他就在加油站的小廚房裏做了點日常飯菜，招攬顧客。

在此期間，山德士推出了自己的特色食品——自製炸雞，也就是後來聞名於世的肯德基炸雞的雛形。這種炸雞的調料很獨特，用 11 種香料配製，由於味道鮮美、口味獨特，很快就受到了熱烈歡迎，客人們交口稱讚，名聲傳開後，許多人專程來他的加油站買他的炸雞，而不是為了加油。

為了保證品質，山德士繫上圍裙親自動手燒炸，並投資興建了可容納142人的大餐廳。以後的幾年，他邊經營邊研究炸雞的特殊配料，含有11種藥草和香料的特殊配方，使炸成的雞表皮形成一層薄薄的、幾乎未烘透的殼，雞肉濕潤而鮮美，令人品嘗後吮指回味。至今，這種配方還在使用，但調料已增至40種。而這也是肯德基最重要的秘密武器，正如可口可樂的配方一樣。

到了1935年，山德士的炸雞已聞名遐邇。1952年，鹽湖城第一家被授權經營的肯德基餐廳建立了，世界聞名的肯德基就此誕生了。

源自一個念頭的肯德基炸雞，從一個偏僻的美國小鎮加油站誕生，如今已經被賣到了全世界，成爲速食界的重要一員，創意的力量就是如此強大。

心得欄 --

第十三步

品牌如何國際化

1

文化對品牌國際化的影響

文化對品牌國際化影響是多方面的，甚至是全方位的。其中主要表現在以下幾個方面：

1.品牌名稱或品牌圖案的選擇上

到阿拉伯國家就得取一個阿拉伯文的品牌名稱，到了美國和歐洲國家就得取一個以英文字母爲主的品牌名稱，而且還要取得好，不能有不良聯想，不能觸犯禁忌等，這些都是文化差異對品牌國際化影響的表現。

如芳芳品牌的拼音、孔雀的圖案、大象等品牌，在不同的歐美國家就屬於非常不當品牌，這種不當正是文化差異引起的。

2.促銷和廣告的宣傳標語的選擇和使用

促銷和廣告用語通常不是一句完整的話，或雖然是完整的一句話，但是正確理解必須有相應的文化背景。

中國有五千年文明史，文化傳承度極高，在國內十分有效的一句廣告口號，到國外可能毫無意義。如「願君多採擷，此物最相思」，一般的歐美人士肯定不理解它在說什麼。

3.管理溝通上的障礙

如與他人的關係，美國文化認為「人應該開放的、率直地與人相處，溝通應該直言不諱，且應該很快瞭解別人的觀點，不拘泥禮節是好的。」中國文化認為「人若開放地、率直地與人相處是危險的，為保持和諧及避免麻煩，間接語言經常是必須的禮節是好的。」這種明顯的差異，給中國品牌國際化(進入歐美市場)會帶來大量管理問題。

4.現有品牌地位和對當地消費者的文化意義

目前為止，美國、歐洲、日本進入中國市場的品牌中，沒有成功的白酒品牌、中藥品牌。為什麼？因為中國人心目中有大量知名的白酒品牌，有的品牌有千年歷史，有豐富的文化內涵，在這個市場上，外國品牌很難有所作為，只有追求異國情調的人們才偶爾會對國外的品牌感興趣。

中藥更是如此，一般的中國人不會相信外國品牌的「Chinese Medicine」(雖然不少專業人士知道日本的中醫藥，有不少超過了國內)。對中國品牌國際化而言，在進入對方國家時必須研究競爭品牌對消費者的文化意義，以及他們的可替代性和不可替代性。

5.**文化消費和消費文化**

品牌消費本質上是一種文化現象，是一種文化消費。在時尙類產品上(如美容、時裝、娛樂等)，品牌的文化內涵尤其明顯。如中國文化中「美就是更白、更細、更光澤」。在美國這個多膚色人種的國家，這個表述就有問題。

經濟發展水準和文化淵源的差異性還會導致消費文化差異，如飲食文化、服飾文化、居住文化、日常生活方式等，這些差異對品牌的定位、包裝和色彩的選擇、展示和溝通策略的運用等多會產生顯著的影響。

2

品牌國際化的 3 種路徑

實際上我們正在被各種各樣的國際化品牌包圍著，它們代表著統一的品質、全球化的服務和不斷的技術創新。某種意義上講，品牌就是對商品價值的一種承諾。在國內企業日益全球化的今天，國際化品牌的塑造已是迫在眉睫的事情。目前不少企業正在摸索嘗試，希望能夠找到一個對自己企業來說更爲有效的路徑。繼收購德國白色家電品牌施耐德(Schneider)之後，

TCL 集團又間接收購了美國 Govedio 公司。

「施耐德」是德國一個歷史悠久且很有實力的品牌，適逢該公司因財務問題而需要清盤，TCL 便抓住機會收購其資產及品牌。TCL 在越南以「TCL」品牌生產和銷售，而在德國則沿用「施耐德」品牌，仍然使用施耐德原有的銷售管道。施耐德這個品牌還可以將 TCL 帶進歐洲的通信、信息等領域，這比他們重新在那裏推廣自己的品牌顯然要快捷許多。

當 TCL 選擇在國際市場上收購當地品牌進行運作的時候，海爾則選擇了另外一種品牌戰略，在全球各地推出「海爾」(Haier)這一統一的自有品牌。海爾公司詮釋其國際化品牌戰略:「收購一個世界名牌或者一個區域性名牌，對海爾來說會節省一點力氣，但是最終導致的結果是什麼？那就是海爾所支付的收購費用中基本上都是無形資產，很少是有形的，最後，海爾還是在做別人的品牌，根本無法樹立自己的品牌。」在海爾未來的版圖中，將在全球各地推出「海爾」這一統一的自有品牌，並在此基礎上構建強大的海爾全球帝國。

格蘭仕在國際化的品牌運作上則選取了與海爾和 TCL 不同的戰略。「不強求在海外市場做 GALANZ 牌子，重在格蘭仕製造」。這是對格蘭仕國際化品牌戰略的最好詮釋。這種模式與臺灣的製造型企業如出一轍——以 OEM 形式賺取製造利潤。格蘭仕的企業定位是做全球名牌家電生產製造中心，給國際知名品牌做 OEM，正是這一定位的體現。格蘭仕的這種戰略裏面還有一個應對反壟斷的考慮。他們曾經在阿根廷吃過這種虧，當格蘭仕自有品牌在當地的市場佔有率突破 70%時，遇到了反壟斷問題，結果只能眼睜睜地放棄花了四五年心血打下的江山。爲此，格蘭仕決定降低自有品牌在國外的佔有率，通過 OEM 的方式，以提高產品的佔有率來曲線佔領市場。格蘭仕優勢主要集中在製造成本上，但成本優勢不能給它帶來可持續發展的後續動力。格蘭仕的國際化的品牌戰略是自營品牌與 OEM 貼牌相配合，利用國際知名企業的品牌、銷售及服務網路等資源，把自己的產品成功地打入國際市場。這樣，格蘭仕不僅可以巧妙地避開市場開拓、固定資產投資等風險，贏得一定的利潤空間，而且能實現全球市場的低成本擴張。

表 9　國內企業國際化品牌運作的三種方式

品牌運作形式	代表企業	優勢	劣勢	適用條件
OEM	格蘭仕	採用 OEM 可以迅速進入國際市場，發揮企業的規模經濟效應，賺取穩定的利潤，適合進入國際市場的捷徑，從全球產業分工中找到自己的位置	對於長期來說，OEM 不能使這些企業真成爲國際化的品牌，不能賺取品牌的附加價值	對於一些中小企業來使用，製造能力強，品牌力量弱的企業
統一綜合品牌	海爾	前期進入難，在發達市場培育綜合品牌形象。符合發展的趨勢，品牌影響力比較大	市場與品牌建設的市場投入要求高，品牌的建設週期長，困	實力相當大，品牌影響力相當強的企業，在國內與國際市場已經有相

			難與阻力大	當影響力

續表

多品牌戰略（併購）	TCL、創維等	前期進入容易，在不發達地區推出自身品牌，在發達市場收購當地品牌，可以迅速佔領當地已有的市場佔有率，可以順理成章地拿過來一部份市場	不利於企業真正走向全球統一化，品牌的影響力分散，削弱主流品牌的實力以及消費者心目中形象	使用於在發展中國家品牌有一定影響力，但在發達國家品牌影響力不行。正在進軍發達國家市場的企業

3

如何進行品牌國際化

1.做活產品廣告

以可口可樂品牌爲例，該品牌現已成了青春與歡樂的象徵，這也是埃里克森公司引以爲自豪的。在過去 20 年間，通過攝製全球通行的廣告片，可口可樂公司節省了 9000 萬美元的廣告製作費用。

此外，做活產品廣告，使得 IBM 成了信息服務與品質的保證；耐克成爲體育運動的領導者；SONY（新力）是高科技的化身；萬寶路的牛仔形象，洋溢著美國西部風情。

我們必須認識到，在本國做活產品廣告，並不等於在海外所向披靡。菲律賓有一種歷史悠久的啤酒叫聖瑪格，穩佔國內80%的市場，1990 年進軍香港市場卻遭到冷落，香港人是白領消費爲主，而菲律賓國內的消費者以藍領爲主，聖瑪格廣告嚴重錯位。以建築工人在工地上豪飲啤酒的廣告形象，令產品在國內大受歡迎，而在香港仍延用這一廣告形式，與白領一族的優雅環境大相徑庭，企業難免陷入困境。

廣告宣傳的策略很有必要因地制宜，產品推向那裏，廣告就做到那裏。廣告宣傳要考慮當地消費者的消費習慣、媒介傳播率等問題。比如說在非洲有 19 個國家沒有日報，而報紙的發行範圍只佔人口的 1%；居住在 100 個國家的 20 億人口缺少通訊聯絡設施。這就勢必要求廣告在不同的階段、不同的市場背景下，進行隨機調整，有的放矢。在每一條廣告片播出之前，都應找當地的一群消費者來測試觀看，以此確認廣告是否對銷售產生促進，直到大多數人看了產生購買的衝動，才能大規模地投放。

2.樹立獨特風格

據統計，產品品質的好壞約有 70%～80%在設計時決定，設計的科學性決定品質的水準。國外知名產品在工業設計上皆下足了功夫，產品不僅性能好、使用安全可靠，而且造型精美，適宜使用。目前，國際市場產品以「輕、薄、短、小」化成爲設計的主要趨勢，在款式上日趨裝飾化、情感化、越味化、並追求與環境相協調，這樣的產品自然贏得消費者的偏好。

技術設計需要不斷改進，特別是產品品質也相當好，但就是競爭不過國外產品。國外的產品往往很重視設計的細節，靠其獨特的觀念、風格和功能，來貼近消費者；而我們的產品總體來看，設計水準還處在低層次上，往往是重功能多，重色彩、款式少。「設計就是競爭力」，英國前首相撒切爾夫人曾告誡國民：「如果忘記了工業設計的重要，英國的工業將沒有。」未來日本夏普公司董事長阪下先生談到技術設計時也曾斷言：「在當前的消費品中，工業設計佔第一位，而功能與價格則是次要的」。

因此，我們必須把工業設計提到戰略高度，努力創新求變，從分析研究不同地區的生活、生理、心理等等諸多方面，進行整體考慮，以新、奇、特的個性，邁向國際市場，增強競爭實力。

3.講求價格策略

商品要進入國際市場，一定要取得超過平均利潤的那部份超額利潤，不能一味地依賴成本低、價格廉的優勢來參與競爭。如果產品真的有特色和科技含量，就可以考慮適當保持高額的利潤空間。

大家都熟悉的家樂福等外資超市，利用消費者心理巧妙地實行價格組合，對大家常用的知名品牌產品，定價比較低，一般不常用的隨機性購買商品的價格定得較高，不同時段內商品價格不同，星期一到星期天商品的價格都在變化，一天之內商品價格也在變化，尤其是生鮮食品，下午的某一時間價格就會調低，不著急購買者或對價格因素的比較在意的人就會選擇價格調低時購買，使得大賣場既保證了銷售量又得到了利益，並獲得價格低的感覺，創造出行銷的優勢。

4

本土化是最有效的方法

2002年春節的時候，可口可樂在包裝上印上國人熟悉的阿福、麥當勞身著唐裝的吉祥物「小貓」，馬爹利在「人人更顯面子」的禮盒套裝廣告用的是四張顏色不同的京劇臉譜，還有「世界級大飯店中一直排在第二位的喜來登連鎖店，在中秋、國慶兩節期間的廣告中，用的就是一位頭戴紅蓋頭的新娘形象。」這些跨國品牌極力用中文化符號，試圖勾起深藏在每個國人心中的文化情結。

在品牌國際化中，要突破品牌的文化的障礙，也只有一個方法，那就是品牌的本土化。

1.人力資源的本土化

「沒有比當地人更瞭解當地人的了」這是海信到南非後的最大的體會之一，這也是品牌本土化的前提。文化差異的本質是人的差異，人力資源的本土化，可以化解品牌管理中的溝通障礙，理解當地的消費文化，創制出有效的行銷策略。總之，品牌國際化首要的工作是人力資源的本土化。因此，尋找合適的合作夥伴——既能理解中方的品牌創建理念，又是地地道道的當地人，這是品牌國際化成功的重要條件。跨國公司進入當地市場爲什麼都先合資？除了政府政策規定外，很重要的是爲了獲得當地的人力資源。

2.設計和開發的本土化

品牌國際化中，缺乏品牌的核心技術優勢，而且由於消費文化上的差異性，對品牌產品的要求不盡相同。如服裝，歐美男士高大，體形與當地人明顯不同，在服裝設計和板型製作時就要考慮，而當地人對此就非常清楚，而且他們從小對人體的素描和人體模特的觀察，在服裝設計上比國內的人才要勝任得多。其他產品的情況也非常相似。

3.品牌行銷策略的本土化

行銷的本土化要注意與品牌國際化的總體目標協調，在此基礎上，充分考慮本土化的要求。在推廣的方式、文案寫作、形象的表達等，要通過本土的機構和人員來運作，品牌國際化時，通過品牌名稱當地化(並不用中文名稱)進入市場，可能是明智的選擇。國外的跨國公司雖然在品牌的本土化，但是我們可以發現，其西文名稱始終還出現在顯著的位置，這是處於它全球化的考慮。

在品牌國際化過程中把握好以上三點，那麼品牌的國際化的文化障礙就能顯著地減少，一些障礙還能自然消失。總之，本土化是品牌國際化過程中克服文化心理障礙、提高溝通有效性最有力的武器。

5

品牌國際化的要點

品牌要生存必須發展，要發展必須走國際化之路。然而對一個發展中國家的企業而言，品牌國際化又面臨種種嚴峻挑戰。

1.品牌國際化：要不要更名

品牌的名稱一開始都以方塊的漢字註冊，以尋求名稱的偶意爲特徵，也有一些以地名和人名命名的品牌名。如果有字母式品牌名，大多以中文拼音爲主。因此，品牌天生有兩大缺陷：

一是中文品牌在國際上認識率低，無法讓其去主打市場。不像美國的 IBM，DELL，COCA－COLA 等那樣世界通行。

二是拼音名稱，由於發音方式與歐美語系很不相同，難以正確發音，而這又是品牌名之大忌。

品牌名開發的基本原則是易識、易記和易發音。中文品牌和中文拼音在進入國際市場時，沒能達到其中的任何一個要求。

品牌要走向國際化，品牌名必須首先國際化。

當然並不是所有的品牌在出國時都要改名換姓。如中藥品牌「同仁堂」就不需改名，又如中式餐館，也不需改名，對這樣的產品和服務而言「中文字」就是標識，就是正宗品牌的標誌。

2.品牌國際化：先難還是先易

怎樣建立品牌信譽呢？一種方法是一步一步來，先在發展中國家和地區建立市場信譽，樹立品牌形象。如康佳到印度去開工廠，TCL 到越南開工廠，在那裏紮根，並逐步樹立信譽。但是這樣的方法存在嚴重缺陷：越易進入的國家和地區，其市場容量越有限，效益不明顯，即使建立了信譽，也不能擴散到其他國家和地區。如在越南市場建立起信譽，幾乎一點也無助於品牌在新馬泰信譽的建立。再說所謂容易進入的市場，其實也未必。一是事實上那裏可能早已擠滿了跨國公司的產品(如在越南市場)，還潛伏著政治、經濟、金融危機。因此，說其易其實並不易。

因此，先易後難建品牌國際信譽，費力費時結果往往不易見效。這也是導致國內眾多品牌企業寧願放棄品牌產品出口專做 OEM 的重要原因。

如果回顧一下日本企業如何打國際市場的經驗，我們就會發現只有先難後易才能真正實現品牌國際化。新力 20 世紀 50 年代進美國市場，經過十幾年的錘煉後再向世界各地拓展，就變得勢如破竹。日本的家用電器如此，汽車工業亦如此。

所以，品牌國際化走先難後易之路，也許更可取。海爾品牌在國際市場上打出來了，不是因爲它進了東南亞市場和南美市場，而是因爲它在美國市場站穩了腳跟。美國市場的成功，意味著全球對其品質和信譽的認可，因而能在短期迅速覆蓋 100 多個國家。日本企業的品牌，松下、新力、豐田、本田等也是先攻下美國市場，然後再揮師歐洲、拉丁美洲和非洲等地。

3.**品牌國際化：是出口還是當地化**

品牌國際化中的另一個問題是在國內生產國外銷售呢，還是適時地進行當地化生產？品牌國際化不是一時之需，而是一種長期性的品牌戰略。今日我們的成本優勢，十年以後，二十年以後或更長時間以後呢？我們的成本優勢遲早會消失，而品牌要活 50 年，100 年甚至永恆。因此，品牌國際化，必然要求生產的當地化和國際化，絕對不能龜縮在國內。即使從短期來看，也必須走出去。仔細想想我們能學跨國公司嗎？他們在全球市場都有觸角，十分瞭解市場情況，他們有品牌優勢，已在消費者心目中紮下了根。他們還有研發優勢，能設計出爲國際市場需要的產品。我們惟一的優勢是製造成本低。現在他們又大舉進入，做起了 OME，他們優勢全佔了。我們還怎麼競爭？只有死在家門口了。

因此，品牌國際化必須走跨國公司相反之路。他們走進來，我們必須走出去，如此我們才能擁有與他們一樣靈敏的市場觸角和反應能力。沒有比當地人更瞭解當地人了。同樣重要，也許更爲重要的是品牌在國際上信任度不理想，爲了表示我們的決心和誠意，也必須到海外去建立生產製造基地和分銷網路，以逐步建立起當地顧客的信心和信任。而這才是品牌之本。品牌國際化，必須走出去，而且遲早得走當地化和本土化之路。否則，永遠都不可能樹立起品牌的國際化形象和國際性信譽。

4.**品牌國際化：做 OEM 還是不做 OEM**

做 OEM(貼牌生產)是爲了更好地瞭解國外市場需要，是爲自己的品牌走向國際化做準備。當然這種想法並不錯，做 OEM

可以掌握產品的生產技術，提高企業的管理水準，更好地瞭解國外市場需要的是什麼樣的產品。但是，畢竟貼牌生產的設計開發技術在跨國公司手裏，市場行銷網路也在人家手裏，消費者購買的不只是產品，而是品牌產品，是品牌的所有者在對消費者負責。消費者認的是品牌，不是產品。一旦有更好的生產基地，跨國公司就會轉移走。退一步講，即使通過貼牌可以提高一些管理水準和技術能力，也趕不上跨國公司。

做 OEM 不可能獲得品牌國際化必須的技術支援能力和市場需要識別能力，也無法獲得在國際市場上創品牌的實戰能力。因此，做 OEM 不可能讓品牌國際化，僅是國造的產品在國際市場銷售。但品牌國際化與產品國際化是完全不同的兩個概念。產品國際化只是說你的產品銷往多個國家，但消費者並不關心產品是誰製造的。他們關心的是這個產品的信譽和品質保證，這卻是由品牌來體現的。OEM 不會產生出品牌的國際化影響。因此，品牌國際化必須堅持走自有品牌的出口之路。

做 OEM 在消費者視角看是不敢承擔責任，無力承擔責任的表現。因此，任何一個立志創國際品牌的企業都應該樹立這樣的信念，必須打自己的品牌。做 OEM 只能永遠躲在別人的品牌後面，不可能創出自己的國際性品牌。

對品牌國際化而言，困難是巨大的，時間可能是漫長的。爲了創出國際性品牌，企業家們不能看一時一地的成效，不能因短期內無利就加以否定。建立品牌，建立信譽需要的是耐心，當然也需要投入而且不小的投入，而其回報也必將是豐厚的。

品牌案例：跑遍全球的米其林輪胎

米其林輪胎人「必比登」誕生於 1898 年，可是米其林這個品牌的誕生卻要比它早 60 多年。

1832 年，在那個還沒有汽車的年代，馬車是人們惟一的代步工具。米其林兄弟的祖父在法國科列蒙－費昂開辦了一家小型的農業機械廠，起初只生產一些供小孩子玩耍的橡皮球玩具，之後便開始製造橡皮軟管、橡皮帶和馬車制動塊，並出口到英國去，這就是米其林公司的雛形。

1889 年 5 月 28 日，愛德華．米其林繼承了祖父的事業，並在其兄弟安德魯．米其林的幫助下正式創立了米其林公司，愛德華成為第一任管理者，現代的米其林公司就是從此發展而來的。

當愛德華接手工廠的時候，工廠還在生產技術簡單的制動塊。1889 年，一個偶然的事件引起了米其林兄弟對自行車的注意，他們設想如果自行車輪胎能夠方便地更換，那它必將有更廣闊的發展前景。米其林輪胎的故事便從此開始了。

1891 年，米其林兄弟終於研製出可在 15 分鐘內拆換的自行車輪胎，並頗有遠見地為他們第一件成功的發明申請了專利。這種可方便更換的輪胎在隨後的各種自行車比賽中得到了最好的驗證，也很快被大眾認可。短短一年，他們的產品已有 10000 名使用者。

1894 年，米其林將剛剛發明的輪胎裝在了公共馬車上，代替了傳統的鐵制車輪，使乘車人感受到前所未有的舒適與安靜。

1895 年，在神奇的交通工具——汽車誕生一段時間以來，很少有人對它有足夠的信心，原因之一就是硬質的「輪胎」無法充分保護車輪的力學結構，經常導致斷裂，研製和推廣新式汽車充氣輪胎迫在眉睫。

當時，所有汽車廠家都不敢在比賽中裝備米其林的充氣輪胎，為了宣傳和證實產品的優點，米其林兄弟設計製造了自己的汽車——標緻公司的車身，4 馬力的戴姆勒發動機，最主要的是安裝了可更換的米其林充氣輪胎。

在「巴黎－波耳多－巴黎」的汽車賽事中，兩兄弟親自上陣，出色地跑完了全程，並在巴黎轟動一時，很多好奇的人甚至把輪胎切開，尋找其中的奧秘。比賽驗證了充氣輪胎在汽車上的適用性，同時也把第一條汽車輪胎的誕生寫進了歷史。

1906 年，米其林發明了可拆換的汽車鋼圈；1908 年，米其林開發的複輪開始在載重貨車和公共汽車上使用；1900～1912 年，米其林的輪胎在所有大型國際汽車賽事中都取得了成功。

20 世紀 30 年代，對於米其林來說是不斷創新和進步的 10 年，在嘗試了自行車、汽車和飛機之後，米其林又對火車產生了興趣，並於 1929 年製造出第一條鐵路輪胎，為鐵路運輸帶來了安靜、舒適、靈敏的加速和平穩的制動。

1930 年，米其林為其嵌入式管狀輪胎申請了專利，這就是現代無內胎輪胎的祖先；1932 年，胎壓更低的超舒適型輪胎面世，壽命達到 30000 公里。

1934 年，米其林推出了具有特殊花紋的超舒適制動型輪胎，以儘量避免汽車在濕滑路面上出現滑水情形。

1937 年，米其林發明了寬截面的派勒輪胎，有效改善了汽車在高速運行情況下的道路操控性，它展示了當今低截面輪胎的最初形狀。

1938 年，米其林將橡膠和鋼絲完美地結合，成功設計了鋼絲輪胎，改良了輪胎的抗熱和熱載荷能力，並朝著子午線輪胎的發展邁出了重要的一步。

經過多年不懈的努力，在 1946 年，改變世界輪胎工業、舉世聞名的子午線輪胎終於在米其林的工廠中「出生」了。這種當時被稱作「X」型，利用鋼絲簾布層箍固結構的輪胎，於 1949 年正式推向市場。從此，又一次輪胎的技術革命爆發了。

子午線輪胎一經面世，就很快佔據整個市場，被幾乎所有類型的汽車使用。它大幅度提升了輪胎的各種特性：使用壽命更長，駕駛變得更舒適、安全，操控性更加完美。這些都成為之後 30 年米其林在輪胎業中獨領風騷的決定性優勢，也令其他同行很難望其項背。

米其林集團已發展出 3500 種產品來滿足行的需求，包括自行車、機車、轎跑車、卡車、飛機，F1 方程式賽車、太空梭和捷運電車。米其林輪胎以 13 萬名員工，在 18 個國家中的 80 間工廠製造各種輪胎，提供行銷服務超過 170 個國家。米其林娃娃 BIBENDUM 也不時地在創新的行銷活動中，呈現在世界各國消費者面前，102 年以來，已經成為世界上十大企業識別標誌。

如今，米其林的產品已經遍及許多領域，無論是汽車，還是工程、農業機械、懸掛系統，甚至是航太領域，米其林的技術無所不在。全球每一個國度的任何一種汽車，包括古董車、輕型客車、豪華轎車、四輪驅動越野車、各種級別的卡車，都裝備了米其林的全天候輪胎或是雪地輪胎，米其林的足跡已跑遍全球。

不斷地創新，不斷地追求更高的安全水準，以更舒適的乘坐，更多元化的服務，更低的能耗，更少的環境憂慮，從而推動交通運輸的發展，這就是米其林的境界。

回顧米其林輪胎的發展史，就是一系列創新的歷史，正是由於這些不間斷的，不同凡響的創意，最終成就了米其林在輪胎業的領導地位。

心得欄

圖 書 出 版 目 錄

1.傳播書香社會，凡向本出版社購買（或郵局劃撥購買），一律 9 折優惠。
服務電話(02)27622241　(03)9310960　　傳真(02)27620377

2.郵局劃撥號碼：18410591　郵局劃撥戶名：憲業企管顧問公司

3.圖書出版資料隨時更新，請見網站　www.bookstore99.com

4. **CD 贈品** 直接向出版社購買圖書，本公司提供 CD 贈品如下：買 3 本書，贈送 1 套 CD 片。買 6 本書，贈送 2 套 CD 片。買 9 本書，贈送 3 套 CD 片。買 12 本書，贈送 4 套 CD 片。CD 片贈品種類，列表在本「圖書出版目錄」最末頁處。

5. **電子雜誌贈品** 回饋讀者，免費贈送《環球企業內幕報導》電子報，請將你的 e-mail、姓名，告訴我們編輯部郵箱 huang2838@yahoo.com.tw 即可。

經營顧問叢書

4	目標管理實務	320 元
5	行銷診斷與改善	360 元
6	促銷高手	360 元
7	行銷高手	360 元
8	海爾的經營策略	320 元
9	行銷顧問師精華輯	360 元
10	推銷技巧實務	360 元
11	企業收款高手	360 元
12	營業經理行動手冊	360 元
13	營業管理高手（上）	一套
14	營業管理高手（下）	500 元
16	中國企業大勝敗	360 元
18	聯想電腦風雲錄	360 元
19	中國企業大競爭	360 元

21	搶灘中國	360 元
22	營業管理的疑難雜症	360 元
23	高績效主管行動手冊	360 元
25	王永慶的經營管理	360 元
26	松下幸之助經營技巧	360 元
30	決戰終端促銷管理實務	360 元
31	銷售通路管理實務	360 元
32	企業併購技巧	360 元
33	新產品上市行銷案例	360 元
37	如何解決銷售管道衝突	360 元
46	營業部門管理手冊	360 元
47	營業部門推銷技巧	390 元
49	細節才能決定成敗	360 元
52	堅持一定成功	360 元

55	開店創業手冊	360元
56	對準目標	360元
57	客戶管理實務	360元
58	大客戶行銷戰略	360元
59	業務部門培訓遊戲	380元
60	寶潔品牌操作手冊	360元
61	傳銷成功技巧	360元
63	如何開設網路商店	360元
66	部門主管手冊	360元
67	傳銷分享會	360元
68	部門主管培訓遊戲	360元
69	如何提高主管執行力	360元
70	賣場管理	360元
71	促銷管理（第四版）	360元
72	傳銷致富	360元
73	領導人才培訓遊戲	360元
75	團隊合作培訓遊戲	360元
76	如何打造企業贏利模式	360元
77	財務查帳技巧	360元
78	財務經理手冊	360元
79	財務診斷技巧	360元
80	內部控制實務	360元
81	行銷管理制度化	360元
82	財務管理制度化	360元
83	人事管理制度化	360元
84	總務管理制度化	360元
85	生產管理制度化	360元
86	企劃管理制度化	360元
87	電話行銷倍增財富	360元
88	電話推銷培訓教材	360元
90	授權技巧	360元
91	汽車販賣技巧大公開	360元
92	督促員工注重細節	360元
93	企業培訓遊戲大全	360元
94	人事經理操作手冊	360元
95	如何架設連鎖總部	360元
96	商品如何舖貨	360元
97	企業收款管理	360元
98	主管的會議管理手冊	360元
100	幹部決定執行力	360元
106	提升領導力培訓遊戲	360元
107	業務員經營轄區市場	360元
109	傳銷培訓課程	360元
111	快速建立傳銷團隊	360元
112	員工招聘技巧	360元
113	員工績效考核技巧	360元
114	職位分析與工作設計	360元
116	新產品開發與銷售	400元
117	如何成爲傳銷領袖	360元
118	如何運作傳銷分享會	360元
122	熱愛工作	360元
124	客戶無法拒絕的成交技巧	360元
125	部門經營計畫工作	360元
126	經銷商管理手冊	360元
127	如何建立企業識別系統	360元
128	企業如何辭退員工	360元
129	邁克爾·波特的戰略智慧	360元
130	如何制定企業經營戰略	360元

編號	書名	定價
131	會員制行銷技巧	360元
132	有效解決問題的溝通技巧	360元
133	總務部門重點工作	360元
134	企業薪酬管理設計	
135	成敗關鍵的談判技巧	360元
137	生產部門、行銷部門績效考核手冊	360元
138	管理部門績效考核手冊	360元
139	行銷機能診斷	360元
140	企業如何節流	360元
141	責任	360元
142	企業接棒人	360元
143	總經理工作重點	360元
144	企業的外包操作管理	360元
145	主管的時間管理	360元
146	主管階層績效考核手冊	360元
147	六步打造績效考核體系	360元
148	六步打造培訓體系	360元
149	展覽會行銷技巧	360元
150	企業流程管理技巧	360元
152	向西點軍校學管理	360元
153	全面降低企業成本	360元
154	領導你的成功團隊	360元
155	頂尖傳銷術	360元
156	傳銷話術的奧妙	360元
158	企業經營計畫	360元
159	各部門年度計畫工作	360元
160	各部門編制預算工作	360元
161	不景氣時期，如何開發客戶	360元

編號	書名	定價
162	售後服務處理手冊	360元
163	只爲成功找方法，不爲失敗找藉口	360元
166	網路商店創業手冊	360元
167	網路商店管理手冊	360元
168	生氣不如爭氣	360元
169	不景氣時期，如何鞏固老客戶	360元
170	模仿就能成功	350元
171	行銷部流程規範化管理	360元
172	生產部流程規範化管理	360元
173	財務部流程規範化管理	360元
174	行政部流程規範化管理	360元
175	人力資源部流程規範化管理	360元
176	每天進步一點點	350元
177	易經如何運用在經營管理	350元
178	如何提高市場佔有率	360元
179	推銷員訓練教材	360元
180	業務員疑難雜症與對策	360元
181	速度是贏利關鍵	360元
182	如何改善企業組織績效	360元
183	如何識別人才	360元
184	找方法解決問題	360元
185	不景氣時期，如何降低成本	360元
186	營業管理疑難雜症與對策	360元
187	廠商掌握零售賣場的竅門	360元
188	推銷之神傳世技巧	360元
189	企業經營案例解析	360元
191	豐田汽車管理模式	360元
192	企業執行力（技巧篇）	360元

193	領導魅力	360 元
194	注重細節（增訂四版）	360 元
195	電話行銷案例分析	360 元
196	公關活動案例操作	360 元
197	部門主管手冊(增訂四版)	360 元
198	銷售說服技巧	360 元
199	促銷工具疑難雜症與對策	360 元
200	如何推動目標管理（第三版）	390 元
201	網路行銷技巧	360 元
202	企業併購案例精華	360 元
204	客戶服務部工作流程	360 元
205	總經理如何經營公司（增訂二版）	360 元
206	如何鞏固客戶（增訂二版）	360 元
207	確保新產品開發成功（增訂三版）	360 元
208	經濟大崩潰	360 元
209	鋪貨管理技巧	360 元
210	商業計畫書撰寫實務	360 元
211	電話推銷經典案例	360 元
212	客戶抱怨處理手冊(增訂二版)	360 元
213	現金爲王	360 元
214	售後服務處理手冊（增訂三版）	360 元
215	行銷計畫書的撰寫與執行	360 元
216	內部控制實務與案例	360 元
217	透視財務分析內幕	360 元
218	主考官如何面試應徵者	360 元
219	總經理如何管理公司	360 元
220	如何推動利潤中心制度	360 元
221	診斷你的市場銷售額	360 元
222	確保新產品銷售成功	360 元
223	品牌成功關鍵步驟	360 元

《商店叢書》

1	速食店操作手冊	360 元
4	餐飲業操作手冊	390 元
5	店員販賣技巧	360 元
6	開店創業手冊	360 元
8	如何開設網路商店	360 元
9	店長如何提升業績	360 元
10	賣場管理	360 元
11	連鎖業物流中心實務	360 元
12	餐飲業標準化手冊	360 元
13	服飾店經營技巧	360 元
14	如何架設連鎖總部	360 元
18	店員推銷技巧	360 元
19	小本開店術	360 元
20	365 天賣場節慶促銷	360 元
21	連鎖業特許手冊	360 元
22	店長操作手冊（增訂版）	360 元
23	店員操作手冊（增訂版）	360 元
24	連鎖店操作手冊（增訂版）	360 元
25	如何撰寫連鎖業營運手冊	360 元
26	向肯德基學習連鎖經營	350 元
27	如何開創連鎖體系	360 元
28	店長操作手冊（增訂三版）	360 元
29	店員工作規範	360 元
30	特許連鎖業經營技巧	360 元

《工廠叢書》

1	生產作業標準流程	380 元
4	物料管理操作實務	380 元
5	品質管理標準流程	380 元
6	企業管理標準化教材	380 元
8	庫存管理實務	380 元
9	ISO 9000 管理實戰案例	380 元
10	生產管理制度化	360 元
11	ISO 認證必備手冊	380 元
12	生產設備管理	380 元
13	品管員操作手冊	380 元
14	生產現場主管實務	380 元
15	工廠設備維護手冊	380 元
16	品管圈活動指南	380 元
17	品管圈推動實務	380 元
18	工廠流程管理	380 元
20	如何推動提案制度	380 元
22	品質管制手法	380 元
24	六西格瑪管理手冊	380 元
28	如何改善生產績效	380 元
29	如何控制不良品	380 元
30	生產績效診斷與評估	380 元
31	生產訂單管理步驟	380 元
32	如何藉助 IE 提升業績	380 元
33	部門績效評估的量化管理	380 元
34	如何推動 5S 管理（增訂三版）	380 元
35	目視管理案例大全	380 元
36	生產主管操作手冊(增訂三版)	380 元
37	採購管理實務（增訂二版）	380 元
38	目視管理操作技巧(增訂二版)	380 元
39	如何管理倉庫（增訂四版）	380 元
40	商品管理流程控制(增訂二版)	380 元
41	生產現場管理實戰	380 元
42	物料管理控制實務	380 元
43	工廠崗位績效考核實施細則	380 元
	確保新產品開發成功（增訂三版）	360 元
45	零庫存經營手法	
46	降低生產成本	380 元
47	物流配送績效管理	380 元
48	生產部門流程控制卡技巧	380 元
49	6S 管理必備手冊	380 元
50	品管部經理操作規範	380 元
51	透視流程改善技巧	380 元

《醫學保健叢書》

1	9 週加強免疫能力	320 元
2	維生素如何保護身體	320 元
3	如何克服失眠	320 元
4	美麗肌膚有妙方	320 元
5	減肥瘦身一定成功	360 元
6	輕鬆懷孕手冊	360 元
7	育兒保健手冊	360 元
8	輕鬆坐月子	360 元
9	生男生女有技巧	360 元
10	如何排除體內毒素	360 元
11	排毒養生方法	360 元
12	淨化血液　強化血管	360 元
13	排除體內毒素	360 元

14	排除便秘困擾	360 元
15	維生素保健全書	360 元
16	腎臟病患者的治療與保健	360 元
17	肝病患者的治療與保健	360 元
18	糖尿病患者的治療與保健	360 元
19	高血壓患者的治療與保健	360 元
21	拒絕三高	360 元
22	給老爸老媽的保健全書	360 元
23	如何降低高血壓	360 元
24	如何治療糖尿病	360 元
25	如何降低膽固醇	360 元
26	人體器官使用說明書	360 元
27	這樣喝水最健康	360 元
28	輕鬆排毒方法	360 元
29	中醫養生手冊	360 元
30	孕婦手冊	360 元
31	育兒手冊	360 元
32	幾千年的中醫養生方法	360 元
33	免疫力提升全書	360 元
34	糖尿病治療全書	360 元
35	活到 120 歲的飲食方法	360 元
36	7 天克服便秘	360 元
37	為長壽做準備	360 元

《幼兒培育叢書》

1	如何培育傑出子女	360 元
2	培育財富子女	360 元
3	如何激發孩子的學習潛能	360 元
4	鼓勵孩子	360 元
5	別溺愛孩子	360 元
6	孩子考第一名	360 元
7	父母要如何與孩子溝通	360 元
8	父母要如何培養孩子的好習慣	360 元
9	父母要如何激發孩子學習潛能	360 元
10	如何讓孩子變得堅強自信	360 元

《成功叢書》

1	猶太富翁經商智慧	360 元
2	致富鑽石法則	360 元
3	發現財富密碼	360 元

《企業傳記叢書》

1	零售巨人沃爾瑪	360 元
2	大型企業失敗啓示錄	360 元
3	企業併購始祖洛克菲勒	360 元
4	透視戴爾經營技巧	360 元
5	亞馬遜網路書店傳奇	360 元
6	動物智慧的企業競爭啓示	320 元
7	CEO 拯救企業	360 元
8	世界首富　宜家王國	360 元
9	航空巨人波音傳奇	360 元
10	傳媒併購大亨	360 元

《智慧叢書》

1	禪的智慧	360 元
2	生活禪	360 元
3	易經的智慧	360 元
4	禪的管理大智慧	360 元
5	改變命運的人生智慧	360 元
6	如何吸取中庸智慧	360 元
7	如何吸取老子智慧	360 元
8	如何吸取易經智慧	360 元

《DIY 叢書》

1	居家節約竅門 DIY	360 元
2	愛護汽車 DIY	360 元
3	現代居家風水 DIY	360 元
4	居家收納整理 DIY	360 元
5	廚房竅門 DIY	360 元
6	家庭裝修 DIY	360 元
7	省油大作戰	360 元

《傳銷叢書》

4	傳銷致富	360 元
5	傳銷培訓課程	360 元
7	快速建立傳銷團隊	360 元
9	如何運作傳銷分享會	360 元
10	頂尖傳銷術	360 元
11	傳銷話術的奧妙	360 元
12	現在輪到你成功	350 元
13	鑽石傳銷商培訓手冊	350 元
14	傳銷皇帝的激勵技巧	360 元
15	傳銷皇帝的溝通技巧	360 元
16	傳銷成功技巧（增訂三版）	360 元
17	傳銷領袖	360 元

《財務管理叢書》

1	如何編制部門年度預算	360 元
2	財務查帳技巧	360 元
3	財務經理手冊	360 元
4	財務診斷技巧	360 元
5	內部控制實務	360 元
6	財務管理制度化	360 元
7	現金爲王	360 元
8	內部控制實務與案例	360 元
9	透視財務分析內幕	360 元

《培訓叢書》

1	業務部門培訓遊戲	380 元
3	團隊合作培訓遊戲	360 元
4	領導人才培訓遊戲	360 元
5	企業培訓遊戲大全	360 元
8	提升領導力培訓遊戲	360 元
9	培訓部門經理操作手冊	360 元
10	專業培訓師操作手冊	360 元
11	培訓師的現場培訓技巧	360 元
12	培訓師的演講技巧	360 元
14	解決問題能力的培訓技巧	360 元
15	戶外培訓活動實施技巧	360 元
16	提升團隊精神的培訓遊戲	360 元
17	針對部門主管的培訓遊戲	360 元

爲方便讀者選購，本公司將一部分上述圖書又加以專門分類如下：

《企業制度叢書》

1	行銷管理制度化	360 元
2	財務管理制度化	360 元
3	人事管理制度化	360 元
4	總務管理制度化	360 元
5	生產管理制度化	360 元
6	企劃管理制度化	360 元

《主管叢書》

1	部門主管手冊	360 元
2	總經理行動手冊	360 元
3	營業經理行動手冊	360 元

4	生產主管操作手冊	380 元
5	店長操作手冊（增訂版）	360 元
6	財務經理手冊	360 元
7	人事經理操作手冊	360 元

《人事管理叢書》

1	人事管理制度化	360 元
2	人事經理操作手冊	360 元
3	員工招聘技巧	360 元
4	員工績效考核技巧	360 元
5	職位分析與工作設計	360 元
6	企業如何辭退員工	360 元
7	總務部門重點工作	360 元

《理財叢書》

1	巴菲特股票投資忠告	360 元
2	受益一生的投資理財	360 元
3	終身理財計畫	360 元
4	如何投資黃金	360 元
5	巴菲特投資必贏技巧	360 元
6	投資基金賺錢方法	360 元
7	索羅斯的基金投資必贏忠告	360 元

CD 贈品

（企管培訓課程 CD 片）

(1)	解決客戶的購買抗拒
(2)	企業成功的方法（上）
(3)	企業成功的方法（下）
(4)	危機管理
(5)	口才訓練
(6)	行銷戰術（上）
(7)	行銷戰術（下）
(8)	會議管理
(9)	做一個成功管理者（上）
(10)	做一個成功管理者（下）
(11)	時間管理

註：感謝學員惠於提供資料。本欄 11 套 CD 贈品不定期增加，請詳看。讀者直接向出版社購買圖書 3 本，送 1 套 CD。買圖書 6 本，送 2 套 CD。買圖書 9 本，送 3 套 CD。買圖書 12 本以上，送 4 套 CD。購書時，請註明索取 CD 贈品種類。

回饋讀者，免費贈送**《環球企業內幕報導》**電子報，請將你的e-mail、姓名，告訴我們 huang2838@yahoo.com.tw 即可。

經營顧問叢書 ㉓ 售價：360 元

品牌成功關鍵步驟

西元二〇〇九年十月 初版一刷

編著：章威鵬
策劃：麥可國際出版有限公司（新加坡）
編輯：蕭玲
校對：焦俊華
發行人：黃憲仁
發行所：憲業企管顧問有限公司
電話：(02) 2762-2241 0930872873
臺北聯絡處：臺北郵政信箱第 36 之 1100 號
郵政劃撥：**18410591 憲業企管顧問有限公司**

大陸地區訂書，請撥打大陸手機：13243710873

出版社登記：局版台業字第 6380 號
ISBN：978-986-6421-26-6